原住民陶藝輕鬆學

陶藝輕鬆學入門指南

◆陳春芳著

自序

台灣社會因為大族群過度融合，已經不太容易突顯文化特色。反觀，十四個已被認可的原住民族，卻擁有各自截然不同的文化特色，無論服飾、音樂、舞蹈、樂器、生活習慣、祭禮、傳說、典章制度、婚姻禮俗等等，幾乎各不相同。台灣因為擁有這麼多不同的獨特文化，而顯得既多元又豐富。

台灣在國際舞台上也常常因為原住民特殊的藝術成就而驚豔世界，例如原住民歌舞及布農族的八部合音等，都有不凡的表現。此外，原住民的部落營造以及帶些神秘的生活環境，也成為觀光客追逐的景點。總而言之，台灣因為有原住民而活躍，因為有原住民的精神與文化更顯精彩！

台灣原住民陶藝，比較中國數千年精緻的陶器文化，顯然仍有差距。在眾多原住民族當中，具有製陶文化的也不多，更不要說多數陶器只是生活器皿，做為炊煮、盛裝之用，造型簡單，製作手法質樸簡陋，更因設備之故，燒製溫度常常不足，在新材料新產品的引入下，原始陶器也就自然地失去了生存空間，被族人逐漸遺棄，原住民陶器文化慢慢地失傳、衰落。

然而，原住民傳統陶器仍具有其特色與價值，例如雅美族人的陶偶捏塑十分討喜；布農族以網袋為模型，製作陶器的方式更是特別；阿美族的「陶甑」

是由兩個陶鍋組合而成的雙球體陶器，下半部裝水當蒸鍋使用，上半部有小孔盛米蒸煮當蒸籠用，這種合體的陶器創作實在是相當獨特的發明；至於排灣族與魯凱族的陶壺，固然是傳統階級的產物，但它卻擁有非常高的製作技術，更巧妙融入了本族的文化。陶壺的造型既合乎美學，其浮雕、壓印、刻紋等，也都十分講究，就以現代的眼光評論，它仍然是值得典藏的珍品。

二十多年前，筆者因為喜歡上原住民圖騰，便投入原住民木雕創作，隨後又接觸陶藝，更專注於原住民陶器的研究與創作。為了瞭解原住民傳統陶器製作技巧，遍訪製陶部落和陶藝工作室，但收獲卻是有限，只能憑藉本身製陶能力和敏銳觀察取得一些心得，再經不斷實驗研究，以及從順益博物館提供的影像紀錄，一路努力鑽研，才達到今日得心應手的境地，而能自如地掌控原住民傳統陶器的開創與製作。

民國九十年間，筆者把精心研究的心得編成《原住民陶藝》一書，並做為推廣原住民陶藝的文化教材，準備在長期居住的原住民重點地域——花蓮，認真回饋鄉親，協助創造原住民部落新產業。因此，本人在服務的學校申請了教育部「藝術與人文列車」專案，商請原住民行政處推薦部落優秀種子人才，參加原住民陶藝培訓，獲得相當不錯的成效。同時，花蓮縣政府原住民行政處舉辦「原住民美食烹飪研習」，本人應邀提供具有原住民特色的實用器皿，原味器皿搭配原味美食，更能彰顯原住民美食的丰采。

嗣後教育部舉辦獎勵原住民族研究著作評選，《原住民陶藝》一書，獲得文化教材類「甲等獎」，給本人莫大的鼓舞和激勵。轉眼間，《原住民陶藝》編成迄今已逾十一年，期間，本人對原住民陶藝的研究與創作從不曾間斷，累積了更多的經驗和心得，是故，藉此機會能將《原住民陶藝》進一步徹底修訂，充實內容，以更符合讀者的需求。

《原住民陶藝》推出的意義不在傳統原住民陶藝的推廣，因為那些傳統材料、製作方法、燒成方式等等，只須了解即可，不需要依循過去的方式來製作陶器。雖然原住民族群大多數沒有製陶文化，但仍然鼓勵他們將自己的文化特色融入陶藝之中，創造有部落特色的陶藝產業。

《原住民陶藝》一書是本人依研究創作之心得編撰而成，之前從未想過將其出版，此次承蒙「花蓮縣陶藝學會」之會員要求，長官及親友之督促，才決心將書整編，希望在將來，所有對原住民陶藝有興趣的廣大同好，不必像本人一樣走過那段漫長道路，而能藉由本書獲得有用的資訊，達到事半功倍之效。

「原住民陶藝」因為有了多元族群文化的融入，因此可以突破及發揮的空間甚大，希望各族群陶藝愛好者，能將這塊領域，充分發揚光大，綻放丰采。

本人雖精心編撰本書，但個人技藝仍難免侷限，祈盼有識之士不吝給予指正，或提供更多心得資訊，讓本書未來能更充實完善。

「原住民陶藝」一書，聞名即有一些學術味和嚴肅感，今改以《**原住民陶藝輕鬆學**》書名出版，似乎較能親近讀者，也比較容易引導進入可愛的原住民陶藝世界，希望更多朋友能以快樂的心境和靈感，共同投入原住民陶藝創作。

最後我要特別感謝我的太太、家人、花蓮縣陶藝學會，以及所有支持我、幫助我的親朋好友們，沒有您們，我無法堅持至今。

2012年8月22日

目錄
content

前言

台灣陶瓷工業十分蓬勃，製陶技術亦已成熟穩定，在另一方面，台灣的陶藝環境也相當熱絡，有專業作陶人士，也有非常多將陶藝當作休閒娛情的人，每年在各地方都舉辦許多的陶藝展，各家都亮出自己在陶藝領域鑽研的成就和心得與大家共同分享。

筆者學習陶藝多年，也在學校從事陶藝教學工作，在陶藝創作中，本人則獨愛原住民陶藝。早期，看到排灣、魯凱族的陶壺，其紋飾、造型之美，令人感動不已，當時並未瞭解陶壺的傳奇背景，只是欣賞其圖紋造型之美而已。後來在台東文化局看到卑南文化中的陶器，造型雖樸拙無華，但卻古味盎然。有一次，到花蓮三棧一處原住民文物商家去參觀，發現兩個圓球組合而成的一件陶器覺得很奇怪，後來經過解說才知道這原來就是阿美族用來蒸米用的「蒸斗」或台語所說的「炊斗」，它的名稱叫做「陶甑」，過去的印象，原住民蒸米都是用木製的蒸斗，現在終於認識到這件神奇的陶器。

二十多年前筆者到蘭嶼去觀光，沒去之前就有人說要帶著香菸去換當地原住民的木雕和陶偶，後來雖沒換到，卻第一次看他們捏塑的陶偶，這些燒得黑黑的陶偶，製工不算精細，但卻贏得觀光客的喜愛。

深入探討原住民的陶器，才瞭解到那些族群擁有製陶技術？他們製陶的年代有多久？他們的陶器是生活用？或作祭祀、陪葬、傳說中的神物？或類似陶偶的休閒即興之作？

瞭解原住民製作陶器的歷史及動機，有助於我們發展原住民陶藝的方向，過去用作祭祀、陪葬及傳說中的神物「陶壺」等等的器物，我們還要去做它嗎？過去用來炊事、盛物的鍋、碗，如今已經淘汰不用了是否還要去做？阿美族那神奇的「陶甑」，卻是十分脆弱，是否仍要製作它來使用？

傳統文物具有它感情的一面，大家抱著「思古幽情」心境懷念它，但它畢竟不再具有實用價值，再仿造它，也只是仿文物，唬唬外行觀光客而已，而購買的人，也不必抱著買「古董」的心態去買，如只是因喜歡它那種古意，欣賞那種造型，擺著裝飾點綴好看便罷了，可是如果這件陶器當初是陪葬用品，而買來做擺飾，不是也相當奇怪嗎？

以前陶器燒成溫度約在攝氏八百度上下，在烈火中燒成時，陶器呈紅棕色，經過炊事使用自會燻成黑色。但燒成時，如果在缺氧狀況下燜燻燒成，它自然呈現煙燻的黑色陶器。

我們發現，像陶偶、陶壺之類的陶器，有先入為主的觀念，認為它們應該燻得黑黑的才好看，所以儘管用電窯燒出來的東西，也一定想辦法去把它燻黑才算完美，是不是原住民的器物都是烏黑黑的？恐怕不是。

過去原住民的陶器因技術不足，手法粗劣，陶器品質較差，我們是否還要用這麼粗糙的技巧來仿製他們的陶器？或是應用一些現代陶藝技巧製作一些比較精細的作品？原住民陶藝的發展，是否仍然要局限於低溫燒成，外表燻黑的技術層次？個人對這些則持保留的態度。

筆者對原住民陶藝之發展做了長期深入的研究和實驗，對於原住民古陶器之仿製，我們稱這些作品為「仿古作品」，對於有別於傳統所有的造型或燒成方式的作品，就稱它為「原住民陶藝創作」，有了這樣一個理念的追求，製作原住民陶藝的朋友，才感覺有更多努力的方向和空間，而不沈緬於歷史文化中而無創造新原住民文化的衝動。

筆者利用各種成型方法製作原住民陶器，也選用不同材質表達原住民陶器的風味，更採取科學的方法嘗試不同燒成方法所發生的結果，也將精心研究的釉藥應用在原住民陶藝上，甚至將中國最傳統的釉藥，如青瓷、銅紅、天目、茶葉末等充分發揮在原住民陶藝上，使原住民陶藝更加輝煌奪目。原住民各族不同的服飾造型及圖騰很美，我們也嘗試將它應用在陶藝彩繪上，使原住民陶藝走入現代，更加融入了人們的生活領域。

原住民的「傳統文物」有它的歷史、它的美；而「原住民陶瓷藝術」則是結合現代素材、技術、生活需求的現代文化展現，筆者將多年對原住民陶藝研發心得，不論是傳統的、現代的製作手法，都提供給大家參考，對原住民文化有興趣的朋友，可以依教材步驟、方法輕易上手，而免去一趟摸索實驗的時間。至於傳統的美？或現代的好？我想很難做明顯的區隔，最好傳統與現代兼顧，視作品性質去加以應用。

因應時代潮流，傳統陶器已不受歡迎，但基於傳統陶器的文化情感，可以將現代材料和技術融入傳統器形之中而達到實用的目的。

製作原住民陶藝的先進很多，藝術成就也很高，個人十分推崇；但對於原住民陶器製作，許多書籍也只做了傳統陶器製作的簡略介紹，很難找到真正可以用來創作原住民陶藝的文化教材，以致原住民陶藝推廣不易，本教材僅希望能提供更多不同的觀點與新知，讓對原住民陶藝有興趣的朋友能夠有所收獲。

圖一是阿美族傳統陶鍋，燒製溫度不夠所以易碎，並以柴火燒，處理也十分不便。

圖二是現代陶鍋，以耐熱土燒製而成，可在瓦斯爐上使用。

圖三是傳統陶甑，亦未燒熟故易碎，圖四為改良陶甑，以耐熱土製作而成，能在瓦斯爐上使用，因此，陶器也可以從傳統走向現代。

圖一　傳統阿美族陶鍋

圖二　現代耐熱土鍋

圖三　傳統阿美族陶甑

圖四　現代耐熱土陶甑

目前政府公佈的原住民族數已達十四族，人口數約五十萬餘人，佔台灣人口數20%左右。原住民族群各擁有自己的語言、文化、社會結構及風俗習慣，所以對台灣而言，原住民族的獨特色彩，讓台灣的歷史文化更為多元，更令人稱許。

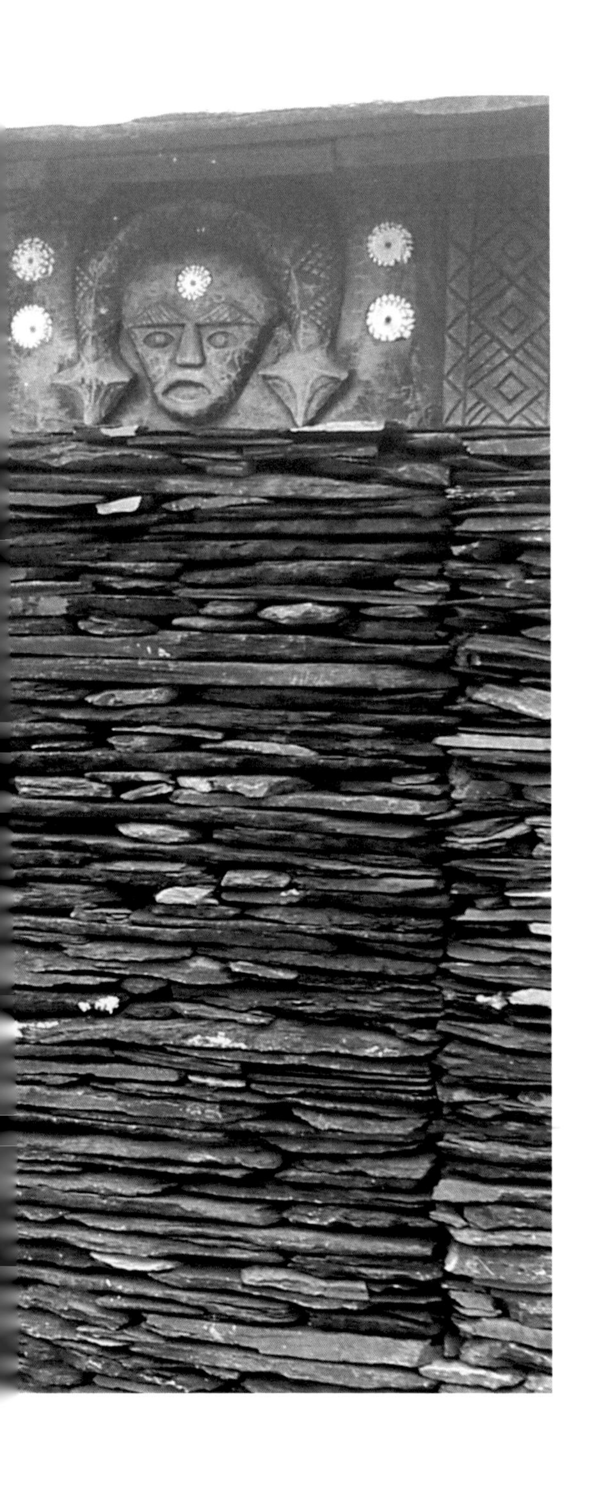

第1章 台灣原住民族群與陶器文化

第一節　台灣原住民族群

台灣最早的主人是誰？這個答案不是我們要探討的主題，就現實而言，目前政府公佈的原住民已有十四族，人口數約五十萬餘人，佔台灣人口數20%左右，原住民族群各擁有自己的語言、文化、社會結構及風俗習慣，所以對台灣而言，原住民族的獨特色彩，讓台灣的歷史文化更為多元，更令人稱許。

台灣原住民族群共有十四族：

1. 阿美族：阿美族分北部、中部、南部三群，分布在花蓮與 台東兩縣，涵蓋十餘鄉鎮，人口數是原住民最多的一族，人口約十九萬人。
2. 泰雅族：主要居住在台灣中、北部的山區，人口數僅次於阿美族，約有九萬多人。
3. 排灣族：主要分布在屏東幾個山地鄉及台東太麻里、大武一帶，人口數約八萬人。
4. 布農族：主要分布在台東、花蓮、高雄之高山上，以八部合音聞名，人口數約五萬人。
5. 卑南族：主要分布在台東市及卑南鄉一帶，人口數約一萬多人。
6. 魯凱族：主要分布在台灣南部中央山脈兩側，人口數約一萬多人。
7. 鄒族：主要分布在阿里山區及南投縣信義鄉，人口約七千人。

8. 賽夏族：主要分布在苗栗縣南庄鄉、獅潭鄉及新竹縣五峰鄉，人口數約六千人。

9. 雅美族：又稱達悟族，全部定居於蘭嶼島上，人口數約四千人。

10. 邵族：主要居住在日月潭日月村及水里鄉頂崁村，人口數約七百人。

11. 噶瑪蘭族：主要分布在蘭陽平原，部分移居花蓮沿海和花東縱谷，人口約一千餘人。

12. 太魯閣族：主要分布在花蓮立霧溪、木瓜溪及陶塞溪等地，人口數有二萬七千人左右。

13. 撒奇萊雅族：主要分布於花蓮奇萊平原（花蓮平原），人口數約六百人（正名人數）。

14. 賽德克族：霧社事件後被迫遷居北港溪中游河岸台地，現為仁愛鄉互助村清流社區，人口數約七千餘人。

第二節　花蓮縣原住民族群

花蓮縣為擁有最多原住民族群的一縣，並且原住民人口數也是全島之冠，在花蓮十三鄉鎮幾乎每一個鄉鎮都住有不等的原住民族群，是十分特別的一個縣。

花蓮縣境居住的原住民共有六個族群：

1. 阿美族：花蓮原住民人數最多的一族，分布也最廣。
2. 太魯閣族：秀林、萬榮、卓溪鄉立山村為居住地區。
3. 布農族：卓溪及萬榮鄉為群聚地區。
4. 賽德克族：三百多年前部分遷移到花蓮地區。
5. 撒奇萊雅族：分布在奇萊平原（花蓮平原）上。
6. 噶瑪蘭族：花蓮豐濱鄉新社村及新城鄉嘉里村為遷居地。

第三節　台灣原住民陶器文化

一、雅美族的陶器文化

雅美族平常忙於飛魚季，等到農閒的時候就會製作陶器，時間約在10月左右。

雅美族人製陶，取材於島上不同質料的原土，而且依照自己的想法隨興捏出獨樹一格的陶偶，十分樸拙有趣。

雅美族製陶文化及技術頗為簡樸，族人所生產的山芋、蕃薯均以自製的陶器來蒸煮。雅美族的陶器的類型如圖1-1，除用來蒸煮外，還用以盛粟、盛芋莖、盛山羊肉和豬肉及魚肉等用途。陶偶主題多為人、豬、羊、魚及漁船等，族人以捏製陶偶為樂。

二、排灣族與魯凱族的陶器文化

排灣族與魯凱族最有名氣的陶器就是陶壺，這些陶壺往往是祖先所留下來的，因此也產生許多的傳說。排灣、魯凱族奉陶壺為一種神物，深信它具有相當的超自然能力，甚至認為他們的祖先就是從陶壺中所誕生的。陶壺同時也是尊貴象徵，只有貴族階級才能擁有，在婚嫁時，亦有以陶壺做為聘禮或信物。另外，它還用來占卜祭祀、儲糧及收藏琉璃珠之用。

對於陶壺，排灣族傳說「陶壺」所生的人帶來小米種子，教導族人耕種；魯凱族則傳說他們的祖先是從「陶壺」而來。排灣族也有流傳祖先是從「陶壺」所誕生的，所以陶壺也是祭祀對象，祖靈也會居住在陶壺中，不能隨便移動它。

陶壺有三種，一為「公壺」，上有百步蛇圖紋；一為「母壺」，壺上有乳突物及太陽紋；另一為「陰陽壺」，即具備公、母壺之圖紋者。

三、阿美族的陶器文化

阿美族是最早進入農耕社會的族群，製作陶器的技術十分純熟，他們的陶器主要用於日常生活之器皿及祭祀用途。可惜因為社會變遷，新材料器皿普及，阿美族人逐漸放棄製陶工藝，製陶技術也同時中斷失傳，算來已達半世紀之久。

圖1-1　雅美族陶器形

圖1-2　排灣族魯凱族陶器形

阿美族陶器，以實用為主，造形也甚完美，主要陶器造形如圖1-3所示。至於其功能說明如下：

1. 陶壺：如圖1-4，是盛水或搬運水所用之陶器，頭部細，腹圓形。
2. 陶鍋：如圖1-5，為煮飯、菜及燒水之用，陶鍋腹部較大，附有雙耳。
3. 陶碗：如圖1-6，為用來裝湯或盛飯之用，亦有圈足。
4. 陶瓶：如圖1-7，是用來裝酒用的器皿。
5. 陶甑：如圖1-8，俗稱蒸斗或炊斗，是用來蒸煮糯米之用，它是由兩個陶鍋組合而成，下部裝水，類似

圖1-3　阿美族陶器形

圖1-4　陶壺

圖1-5　陶鍋

圖1-6　陶碗

蒸鍋功能，上部之底部有小孔，是蒸籠的功能，能將蒸鍋與蒸籠合成一體，實在是一件少有的發明。

6. 祭杯：如圖1-9，是用在祭祀活動上，亦是盛酒的器皿，三種造形禮器之功能不同，圖左器具為祭拜山神、海神之用；圖中器具為祭拜祖先及喪事時用；圖右器具則為戰爭或狩獵時祭拜之用。
7. 陶杯：如圖1-10，飲水之用。

圖1-7　陶瓶

圖1-8　陶甑

圖1-9　祭杯

圖1-10　陶杯

圖1-11　阿美族陶器（野燒）

圖1-12　阿美族陶器（野燒）

在台灣十四個原住民族群，各有各的社會文化，若以辨識度來看，當以服飾之區別最大，各族群的服飾有華麗的、有樸素的、有活潑的，各有其文化背景和特色。原住民圖像及圖騰，有些表達在服飾上，有些呈現在居住的環境中，在建築、雕刻及陶器上，也都出現他們獨特的圖像和圖騰，有些族群的圖像及圖騰十分精美，有些族群則無明顯的特色。

第  章

原住民圖像與圖騰

第一節　原住民圖像

原住民圖像大都出現在各族群部落中，圖像幾乎是在表達他們族群特色，例如杵米、狩獵、射箭、紋面、捕魚等，也有一些是將傳說圖像化。

以下介紹在各族群部落的一些圖像：

圖2-1

圖2-2

圖2-3

圖2-4
圖2-5
圖2-6
圖2-7
圖2-8
圖2-9

圖2-10

圖2-11

圖2-12

圖2-13

圖2-14

圖2-15

圖2-16

圖2-17

圖2-18

圖2-19

圖2-20

圖2-21

圖2-22

圖2-23

圖2-24

圖2-25

第二節　原住民圖騰

在所有族群中，最具特色及最精美的圖騰當屬排灣、魯凱族，他們的圖騰內容豐富，圖樣規律精緻，而且都有其代表的意義，最為難得。以下介紹幾個有代性圖騰出現的族群以供辨識：

一、排灣、魯凱族的圖騰

排灣、魯凱族的圖騰，除了大部分應用在木雕上，也少數用在陶器上，傳統習俗對圖騰的使用有嚴格的限制和規定，現在大概就沒有那麼嚴謹。以下介紹排灣、魯凱族十分精緻的圖騰。

圖2-26　　圖2-27

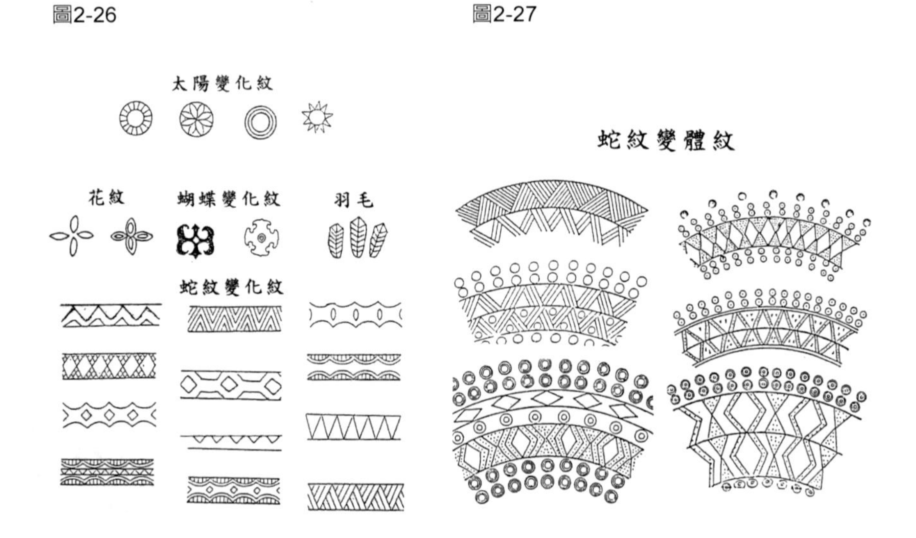

圖2-28

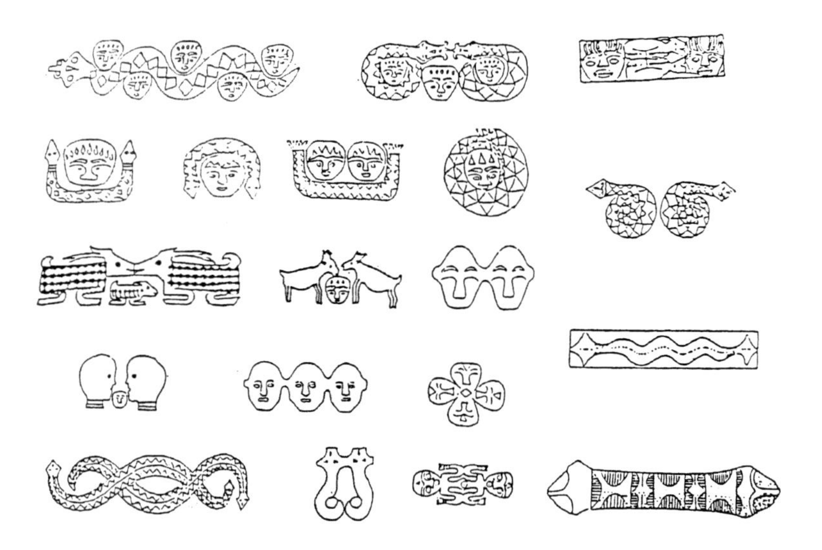

圖2-29

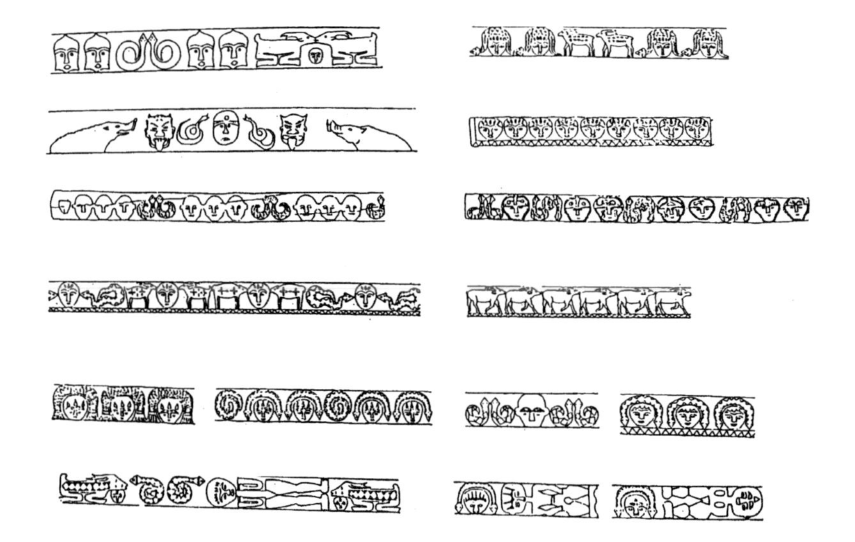

在屏東多納社區圍牆石雕，也有圖騰的應用，對排灣、魯凱族圖騰有興趣者，可供參考：

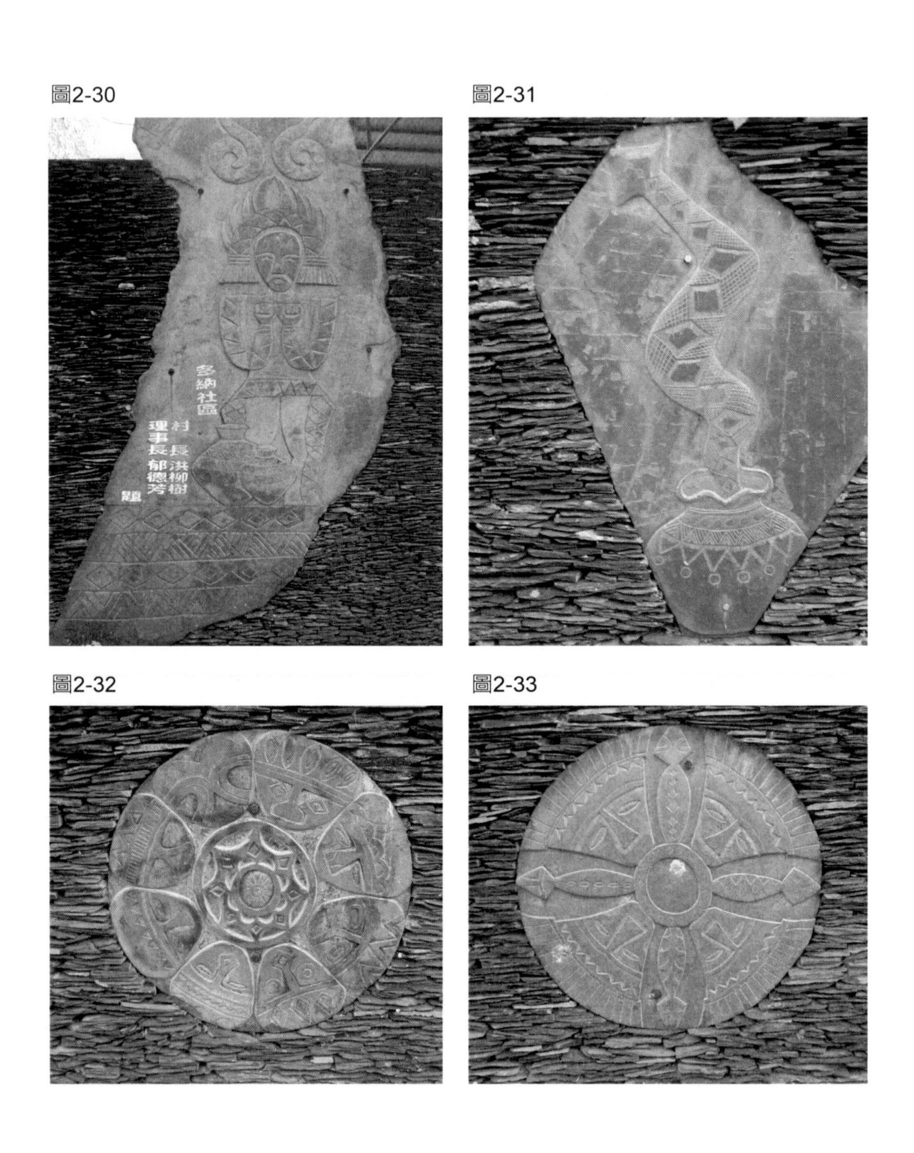

圖2-30

圖2-31

圖2-32

圖2-33

圖2-34

圖2-35

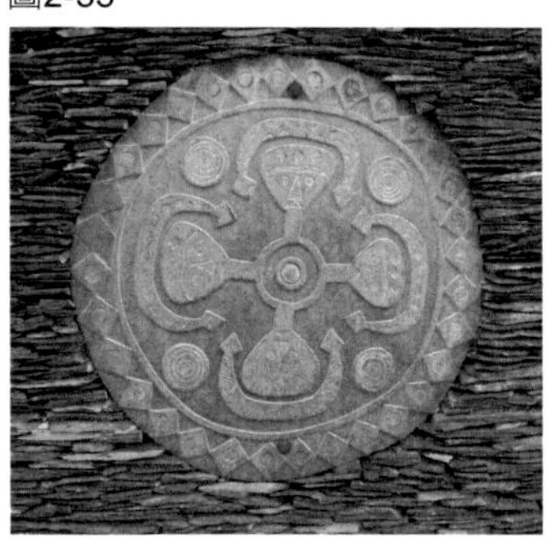

二、阿美族的圖騰

阿美族的圖騰並不很豐富，但在有限幾個圖騰上卻代表了某些意義，如母愛、和諧、舞蹈、波浪、天地人合一、羽毛等，都用簡單的圖騰加以詮釋。如圖2-36之阿美族圖騰。

圖2-36

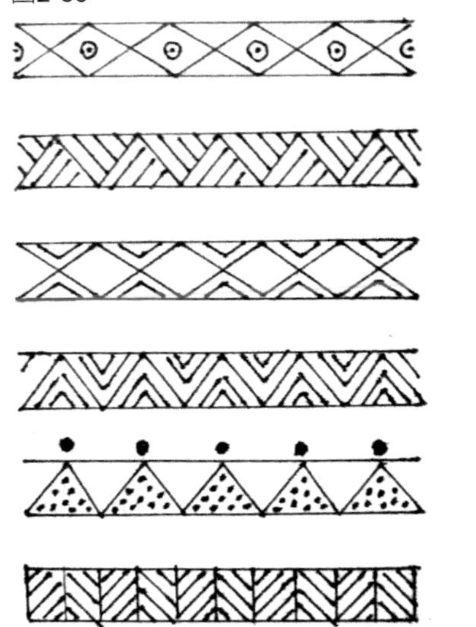

三、卑南族的圖騰

在文獻資料上，並不容易發現卑南族有自己獨特的圖騰，但在紅葉溫泉區可以發現一些圖騰，也許它就是象徵卑南族的文化意義。（圖2-37、圖2-38、圖2-39、圖2-40）

圖2-37

圖2-38

圖2-39

圖2-40

四、布農族的圖騰

布農族是否有其獨特的圖騰並不清楚，我們只有在花蓮縣卓溪鄉卓楓國小圍牆看到他們雕出的圖騰，或許從這些圖騰，更容易瞭解他們的文化。

圖2-41

圖2-42

圖2-43

圖2-44

五、雅美族的圖騰

雅美族的圖騰，通常應用在獨木舟上，其紋飾一般由正反三角形、菱形、螺旋紋、波浪紋等組成，再配上太陽紋及人體紋，構圖十分精美。

雅美族主要圖騰如圖2-45，圖2-46。

圖2-45

圖2-46

六、泰雅族及其它族群之圖騰

有些族群的圖騰特別容易辨識，多數的族群除了從服飾較能分辨之外，實在不容易找出他們的族群特色。很多族群都崇拜百步蛇，所以出現三角紋及菱形紋也最多；許多族群敬畏太陽神，所以太陽紋也常被應用，幾乎看到這些圖紋，就知道原住民族群的象徵，至於是哪一族，則又需加以細究。

泰雅族的圖騰就是以菱形圖紋為主，並加以變化，菱形圖紋是族群的幸運符號，通常都呈現在服飾上，圖紋使服飾增添了不少美感和雅意。

泰雅族的黥面也是整體構圖的表徵，不論其圖紋及構圖，都是極其嚴謹的，所以才能突顯泰雅族人紋面的美感。

有的文獻記載，原住民仍延續製陶的，僅有阿美族和雅美族，但也有報導指出，阿美族在1897年前後，已經放棄製陶，但在沈寂了一個世紀後，阿美族的製陶工藝，才在東台灣重新點燃，的確，在花蓮縣豐濱鄉還有幾位婦女還會製作阿美族傳統陶器，只怕，再過一陣子又將沈寂消失。

雅美族亦然，他們不再捏製生活上使用的陶器，偶有陶偶捏製也是極為少見，在蘭嶼島上要再尋找這些工藝品已經非常困難了。

排灣族、魯凱族現在製陶工藝鼎盛，但過去擁有陶壺的信仰或價值已不復存在，而是在大量製作傳統的複製品作為觀光行銷產業。

固然，傳統原住民陶器有其文化背景值得記憶，但這些陶器幾乎無法要求在生活上去使用它，所以排灣、魯凱族大量複製傳統陶器發展觀光產業並不為過，倒是，雅美族、阿美族，卻是不得不將這些傳統文化工藝給予摒棄。

原住民製陶民族本就不多，以下將介紹雅美族、阿美族、排灣和魯凱族的傳統原住民陶器製作方法，我們只是瞭解它即可，因為有更好、更新的製陶方法可以更簡便達到和傳統陶器製作一樣的效果，應該不必再使用這些傳統的方法去製作傳統陶器才是。

第  章

原住民傳統製陶方法

第一節　雅美族傳統製陶方法

雅美族過去也是依賴陶器做為炊事用具，其陶器有多種類型，主要的是盛粟子、芋莖、山羊肉、豬肉和魚肉的陶罐，其製作程序如下：

一、製陶方法

1. 採土：採取適用之黏土。（圖3-1）
2. 揀土：去石頭及雜物。（圖3-2）
3. 捶土：用石頭或石桿將土搗碎。（圖3-3）
4. 揉土：將搗碎黏土調水至適當溼度並揉成土團。（圖3-4）
5. 作底部：底下可墊著芭蕉葉。（圖3-5）
6. 盤築上部：以黏土向上盤接。（圖3-6）
7. 整形：隨時以手抹平坯體。（圖3-7）
8. 拍打：內用墊石支撐，外用木板拍打平整。（圖3-8）
9. 抹光：用手沾水抹光坯體。（圖3-9）
10. 做壺口：壺口部縮口。（圖3-10）
11. 打磨：在陶器半乾時取卵石打磨坯體。（圖3-11）
12. 陰乾：將陶坯置陰涼處讓其慢慢乾燥。

二、燒成方法

雅美族野燒陶器相當簡單，當然燒成溫度也不會太高，其步驟如下：

1. 挖土坑。（圖3-12）
2. 先舖細柴。（圖3-13）
3. 放置乾燥的坯體。（圖3-14）
4. 洞口交叉堆放較粗木柴。（圖3-15）
5. 點火燃燒，並隨時添加木柴，約二天時間完成。（圖3-16）
6. 退溫，取出陶器成品。（圖3-17）
7. 作品呈黑褐色。

圖3-1　採土

圖3-2　揀土

圖3-3　搥土

圖3-4　揉土

圖3-5　作底部

圖3-6　盤築上部

圖3-7　整形

圖3-8　拍打

圖3-9　抹光

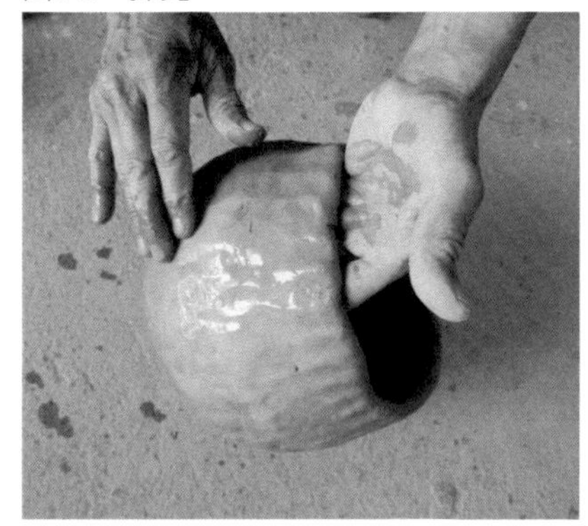

圖3-10　做壺口

圖3-11　打磨

圖3-12　挖土坑

圖3-13　鋪油柴

圖3-14　置坯

圖3-15　置放粗柴

圖3-16　點火燃燒

圖3-17　退溫

第二節　阿美族傳統製陶方法

一、製陶方法

阿美族係母系社會，製陶工作也是女性來負責，他們使用不同形狀的拍板，也使用卵石，另外有木製或陶製半圓形座墊以便擱放半圓形的坯體能夠旋轉拍打。

阿美族製陶步驟如下：

1. 採土及揀土。（圖3-18）
2. 搗土並隨時翻轉。（圖3-19）
3. 黏土須具相當黏性，即泥條彎曲不斷。（圖3-20）
4. 做成土團。（圖3-21）

圖3-18　揀土

圖3-19　搗土

圖3-20　試黏性

圖3-21　做成土團

5. 捏製底部。（圖3-22）

6. 選擇適當拍子及墊石。（圖3-23）（圖3-24）

7. 拍打底部做下半部整形。（圖3-25）

8. 用泥條或泥片往上盤築。（圖3-26）

9. 再拍整坯體上半部。（圖3-27）

10. 修平坯體口緣。（圖3-28）

11. 利用墊石及半圓形拍板翻拍坯體口部。（圖3-29）

12. 拍板沾水抹平坯體外表。（圖3-30）

13. 陰乾。（圖3-31）

圖3-22　捏製底部

圖3-23　拍子

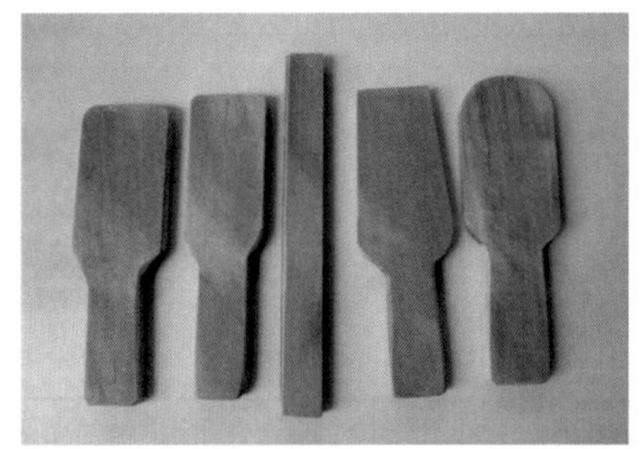

圖3-24　卵石

圖3-25　下半部整修

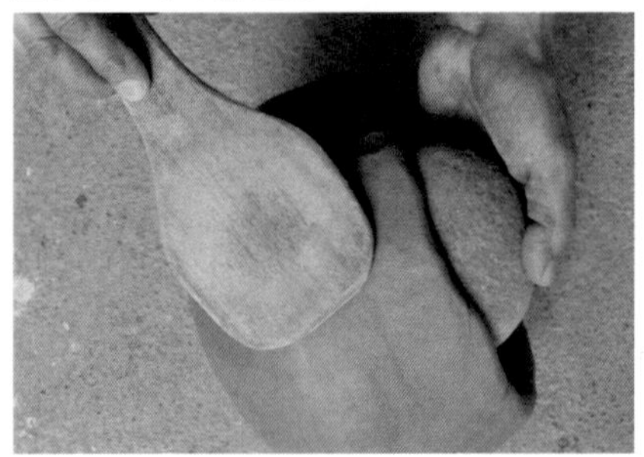

圖3-26　往上盤築

圖3-27　拍打上半部

圖3-28　修平口緣

圖3-29　翻拍口部

圖3-30　抹平外表

圖3-31　成品陰乾

二、燒成方法

阿美族陶器燒成方法與他族略為不同，他們主要採用稻殼覆蓋燜燒的方式燒陶，其功能是阻絕氧氣減緩升溫速度，並能維持穩定的溫度燒成，減少坯體的破損率。

阿美族燒陶步驟如下：

1. 先舖上檳榔葉及厚層茅草梗莖。（圖3-32）
2. 再堆放坯體。（圖3-33）
3. 坯體上撒些稻殼再覆蓋茅草梗莖。（圖3-34）
4. 堆放茅草或稻草。（圖3-35）

圖3-32　舖底層

圖3-33　放置坯體

圖3-34　覆茅梗

圖3-35　堆放茅草

5. 覆蓋稻殼。（圖3-36）

6. 從四面或頂端點火。（圖3-37）

7. 隨時添加稻殼，燃燒時間二天一夜。

8. 等候退溫。（圖3-38）

9. 燒成陶器須呈紅褐色方為上品。

圖3-36　覆蓋稻殼

圖3-37　點火

圖3-38　退溫

第三節　排灣族魯凱傳統製陶方法

排灣族稱古陶壺、青銅刀、琉璃珠為排灣三寶，對古陶壺來源有兩種推測，一是向卑南族和阿美族購買，一是排灣族祖先會製陶器，然而它保有中南方史前文化的許多軌跡。古陶壺分數個等級，為貴族所擁有，陶壺浮雕狀、黏附蛇形狀大小、形狀、特徵等為貴族互相認定的信物。古陶壺放入小米種以祈求農作豐收，貴族有的將古陶壺做為存放傳家之寶琉璃珠。

魯凱族傳說霧台山出現一個陶壺，太陽神將陽光照射壺內，孕育出魯凱族人的祖先，所以陶壺成了他們的神物。陶壺的種類分類如下。

公壺：壺上鑲有百步蛇者。

母壺：壺上鑲有乳頭狀凸出物者。

陰陽壺：具備公母壺特徵者。

祭祀用壺：無圖騰，公母壺均可。

一、製陶方法

排灣與魯凱族的傳統製陶方法，其步驟如下：

1. 採土：到山上挖掘黏性好的黏土。（圖3-39）
2. 揀土：挑除石頭及雜物。（圖3-40）
3. 曬乾：將土曬乾。（圖3-41）
4. 搗碎：將土用木棍搗碎。（圖3-42）
5. 過篩：以篩除雜物及顆粒太大之石粒。（圖3-43）
6. 調水：慢慢加水調勻。（圖3-44）

圖3-39　採土

圖3-40　揀土

圖3-41　晒乾

圖3-42　搗碎

圖3-43　過篩

圖3-44　調水

7. 揉土：將黏土揉練成具黏性、溼度適當之土團。（圖3-45）

8. 底部模型：地上挖一半圓洞並舖上芭蕉葉。（圖3-46）

9. 底部成形：用堆泥手法，完成底部形狀。（圖3-47）

10. 底部修整：取出成形的底部，去芭蕉葉，並將底部修齊。（圖3-48）

圖3-45　揉土

圖3-46　底部模型

圖3-47　底部成形

圖3-48　底部整修

11. 搓壓泥板：先搓成粗泥條，再用手刀將泥條打扁。（圖3-49）
12. 上部成形：利用泥板逐層盤築成形。（圖3-50）
13. 整形：未黏上壺口之前，先將胚體用手及木刀整形。（圖3-51）
14. 做壺口：仍以泥板或泥條做壺口成形。（圖3-52）

圖3-49　搓壓泥板

圖3-50　上部成形

圖3-51　整形

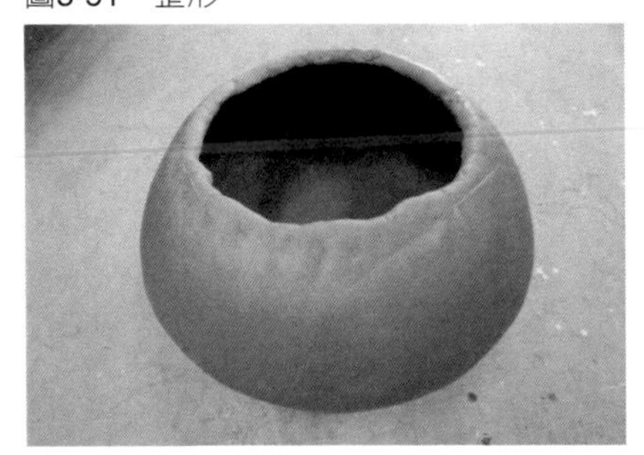

圖3-52　做壺口

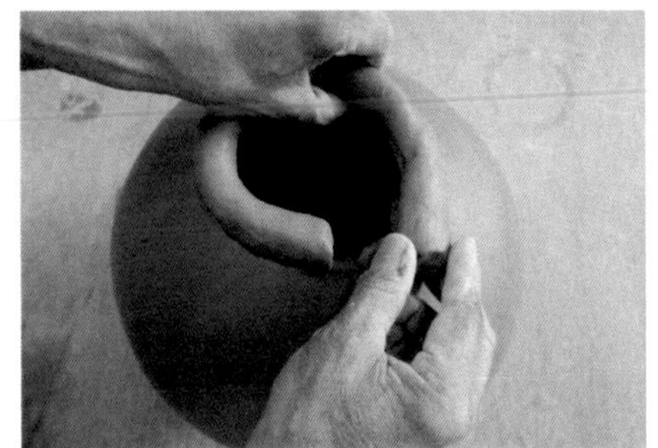

15. 黏貼：陶壺上百步蛇或乳頭狀凸出物黏貼。（圖3-53）

16. 劃線：先劃平行線條，有些紋飾採用壓印方法處理。（圖3-54）

17. 刻劃：紋飾刻劃。（圖3-55）

18. 完成陰乾。（圖3-56）

3-53 黏貼

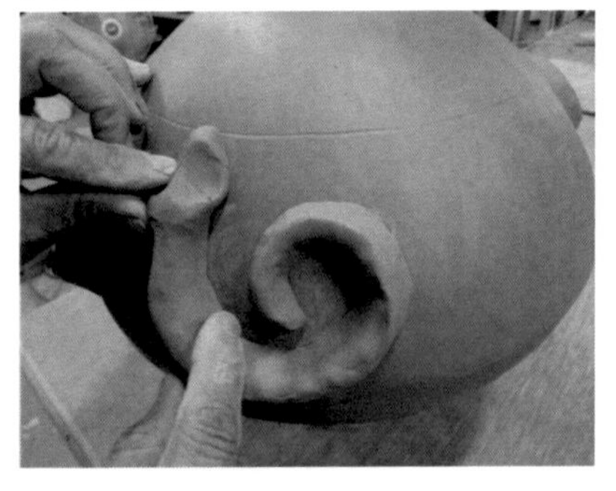

圖3-54 刻劃壓印

圖3-55 刻畫紋飾

圖3-56 陰乾

二、燒成方法

排灣、魯凱族傳統燒陶步驟如下：

1. 先在地上挖一土坑，置入些乾草細柴。（圖3-57）
2. 洞口橫放粗木柴，上面鋪上大樹葉，以避免火很快直接燒到坯體。（圖3-58）

圖3-57　挖土坑

圖3-58　堆柴

3. 在樹葉上堆放坯體，保持間隔，再覆蓋大樹葉。（圖3-59）

4. 堆上木柴。（圖3-60）

5. 點火燃燒，並隨時補充木柴，燒陶時間約一週。（圖3-61）

6. 退溫。（圖3-62）

7. 取出燒成陶器。

8. 因為在氧化氣氛中燒成，陶器表面呈紅褐色。

圖3-59　放置坯體

圖3-60　堆上木柴

圖3-61　點火燃燒

圖3-62　退溫

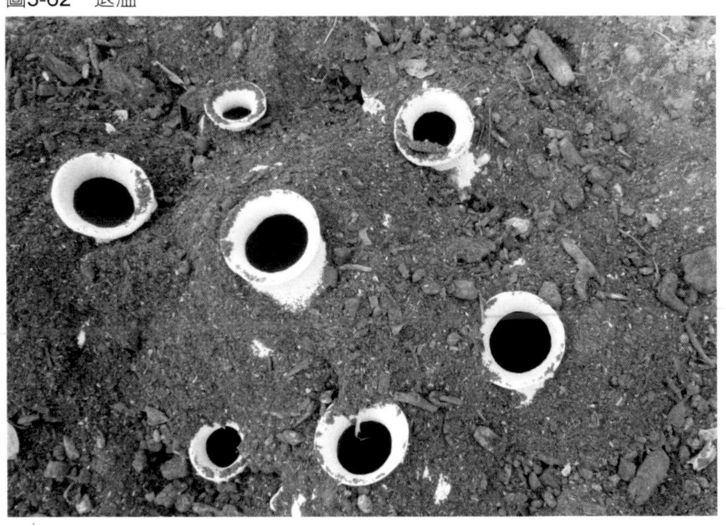

前面曾提到在本島地區主要的黏土產地，一些販售黏土的廠商，會在產地做大量的開採，並進行配土，以符合高溫燒成使用，如果要製作現代原住民陶藝作品，建議還是向廠商購買適合的黏土來使用，才能符合高溫燒成的要求。但是如果要製作原住民傳統之作品，則可以隨地去採掘一些黏土來用，只要具有良好的可塑性就可以了。

第4章 認識黏土

第一節　黏土的性質

一、黏土的由來

製作陶瓷器最重要的基本材料就是黏土，黏土的種類很多，但大致上可分類為一次黏土及二次黏土兩大類，其形成過程如表4-1：

表4-1　黏土之形成過程

	風化作用		堆積作用	
母岩	→	**一次黏土**	→	**二次黏土**
（**花崗岩**）	半分解	高嶺土		陶土、紅土、
	蠟石			木節土、
	陶石			炻器土、蛙目土

※一次黏土

原始花崗石或石英粗面岩等母岩，在經過「風化作用」後分解，高嶺土化變成黏土，其中靠近在母岩附近的黏土，便稱之為一次黏土。一次黏土質純，不含有機雜物，但粒子較粗，可塑性較差，因含鐵份極少，所以呈純白色，也因含高量矽酸，耐火度較高。

一次黏土如高嶺土（Kaolin），又稱瓷土，它在自然界中產量不多，是製造潔白瓷器不可或缺的材料。台灣地區並沒有出產一次黏土。

※二次黏土

在母岩附近的一次黏土被雨水及溪流沖走，漂流到下游各處逐漸堆積而成的黏土便稱之為二次黏土。離母岩愈近的黏土，粒子較粗但也較純；離母岩愈遠的黏土，粒子變細，摻入的有機物雜質也更多，可塑性佳，耐火度降低，燒成後的顏色已不再是白色，而呈現黃、紅、褐、黑等不同顏色。

二、各種黏土的物理性質

※高嶺土

為一次黏土，其耐火度高，約在攝氏一千八百度以上，所以很少單獨使用，又因為缺乏黏性不易成形，通常都加入較有黏性的土質調配使用。

※球狀土

為漂積的二次黏土，黏性強，是二次黏土中純度較高者，燒後呈淡灰色或鵝黃色，收縮率大，黏土本身為深灰色。球狀土很少單獨使用，通常借重其黏性混合其他陶瓷原料使用，例如加入高嶺土以提高其可塑性。

※炻器黏土

為二次黏土，耐火度在1200℃～1300℃之間，它用在製造土器、藝術陶瓷和陶瓦等，炻器黏土係多孔性，不會完全瓷化，燒成顏色為白淺灰、棕色至深灰、紅色都有。炻器黏土常可自窯廠附近取得，經煉製後即可使用製成枱、罐、缸等器物，所以有人稱炻器為缸器。

※土器黏土

大自然中大多數可用黏土屬於三次黏土之列，可稱之為土器黏土，它含有鐵質和許多不純雜質，土色呈紅色、棕色、灰色、淺綠等不同顏色，燒成溫度約在900℃～1150℃之間，其特性是可塑性高，易成形，燒成開裂變形較少，是磚、瓦、花缽等之主要原料。它也可摻入其他原料以改變其性質做更廣泛的使用。

三、本地產用坯土

台灣地區主要黏土產地如表4-2。

四、各種陶瓷器組成原料及性質

現代原住民陶藝使用之坯土，已不只是像過去傳統方式自行採土練製，為滿足創作上的需求，認識更多的黏土及特性以選擇使用是必要的，下表是幾種較常用上的黏土及其特性之說明：（表4-3）

表4-2　省產黏土資源

產區	產地	礦型	用途	估計儲量
北投萬里區	北投嗄嘮別	木山層砂岩間質黏土	高級陶土	不詳
	小油坑、竹子湖、三重橋、七股	安山岩質集塊岩換質黏土	瓷土、耐火土	數千噸
	淡水虎頭山、水源地頂田寮	安山岩質集塊岩換質黏土	同上	一百萬噸以上
	北投十八分	同上	耐火土	十萬噸
	大油坑	安山岩換質黏土	陶瓷配料	廿五萬噸
	萬里中福村、嵌腳	五指山層砂岩間質黏土	陶　土	不詳
中和區	南勢角	木山層砂岩間質黏土	高級陶土	不詳
桃園區	大湳、埔頂、嵌子腳	湖盆沈積黏土	低級陶土	不詳
苗栗區	福基、大坑	南莊層砂岩中夾黏土層及砂岩間質黏土	陶土	不詳
南投區	國姓、北山坑	水長流層砂岩間質黏土	陶土	六十萬噸
	埔里魚池	第四紀湖盆沈積黏土	低級陶土	一萬噸
宜蘭蘇澳區	宜蘭再連內員山粗坑九芎林、礁溪、頭城 蘇澳畚箕湖、白米甕	四稜砂岩中夾頁岩與硬質泥岩 蘇澳層黏板岩及千枚岩風化黏土	陶土陶土	十萬噸 廿五萬噸
台東花蓮	台東成功、長濱、豐濱	都蘭山層安全集塊岩換水換質及風化黏土	陶土	不詳

※資料來源：台灣窯業——省產黏土資源。

表4-3　陶瓷器組成原料及性質

陶瓷器種類	主要成分	燒成溫度℃	坯土性質	坯火顏色
土器	氧化鋁少，鐵分及鈣化物多的黏土	900~1050 硬度小	多孔性	黃、黃合紅、　茶色
陶器	耐火度較高，氧化鋁多的黏土	1160~1250	多孔性	黃、黃紅色
炻器	黏土80~85%，硅石15~20%	1160~1250	硬	黃色
瓷器 半瓷器	高嶺土40%，硅石45~55% 長石3~5%	1180~1300	硬	白色
硬質瓷器	陶石60~70%，黏土15~25% 長石5~10%	1200~1300	硬	白色
地面 磁磚	磚黏土40~45%，土20~40% 長石20~30%（黏土用高鋁質）	1180~1300	硬	白色
陶器 耐酸容器	黏土20%，陶石60%，長石20%	1300~1340	透明	白色
軟瓷器	高嶺土45~60%，硅石20~25%，長石25%（陶石30%）	1300~1340	透明	白色
骨灰瓷器	骨灰　高嶺土　長石　硅石 美國　40　13　13　32 英國　35　30　35　—	1260	透明	白色

第二節　選土

一、黏土的採掘

挖掘黏土在較具黏性土質的田地挖掘是最快的方法，在許多河床也可獲得黏土，或從公路兩邊岩壁痕跡，也可發現某處有黏土可以挖取，總之，黏土如不是大量使用，隨處都可以挖得到。

含砂質太多的土質不適合挖取，因為經過處理後所餘的黏土有限，發現所要的黏土後，首先後判斷是否具有黏性，黏性愈高，伸展性愈強，可塑性愈佳，但太黏的土，乾坯易裂，燒成也易裂。判斷黏土的黏性，是將黏土調水揉勻，在手裡搓成圓條，能搓得愈長，拿在手上搖晃而不易斷落的，或搓成泥條繞成圓圈而不會斷裂的，其土質黏性必佳，就可以挖掘來用。

二、黏土的處理

黏土由於顆粒大小及含有雜質，所以必須經過處理才能使用，大量開採的礦場，主要處理方式如下。

・研磨法：將開採的黏土加水利用球磨機經數小時研磨，再過篩、壓乾便成所需之黏土。

・水簸法：是將黏土加水，用機械充分攪拌，再將泥漿流經幾個沈澱池，較粗顆粒泥漿細砂和雜質最先沈澱，粒細黏土最後沈澱，再將這些沈澱的有用黏土取出濾乾便完成。

- 乾磨法：利用粉碎機將開採的礦土，加以粉碎，然後依要求的粗細程度過篩，便可取得所需的黏土。

少量取得的黏土，則可以用簡便的「水簸法」加以處理，其處理步驟如下：

1. 黏土曬乾
2. 敲碎
3. 加水攪拌
4. 依要求粗細過40目至50目之篩網
5. 沈澱、倒去清水
6. 取出泥漿利用石膏板吸乾、自然乾燥、或裝入麻袋中壓乾等方法去除水份，半乾時便可以儲存備用

三、收縮率

黏土乾燥後會收縮，在燒成的過程也會有很大的收縮。不同的土質，會有不同的收縮率，所以在特殊創作上，有時會要求較低的收縮率，而選擇配製的熟料土或其他特別調配的土。一般來說，愈黏的土，其收縮率也愈高。

圖4-1　濕試片

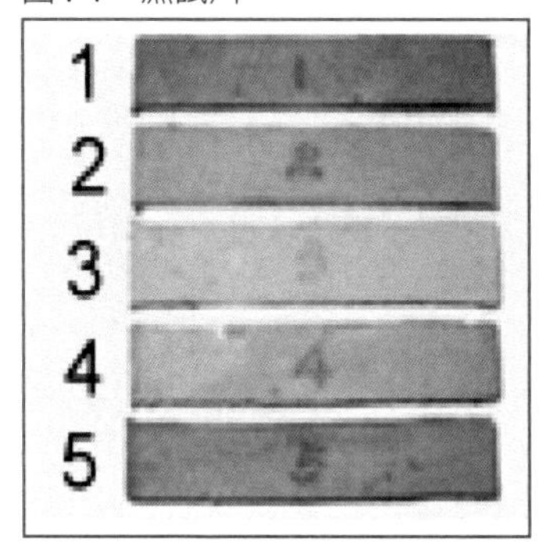

圖4-2　乾試片

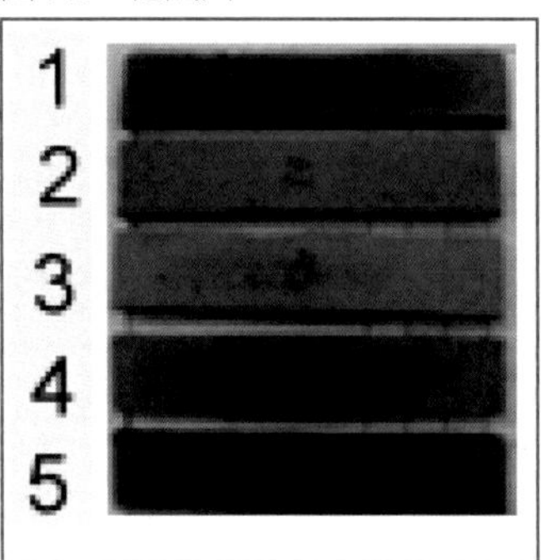

圖4-3　1210°C燒成

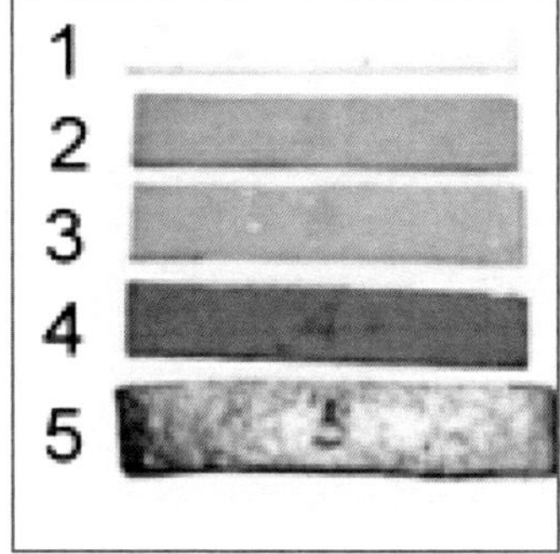

圖4-4　土坯試片

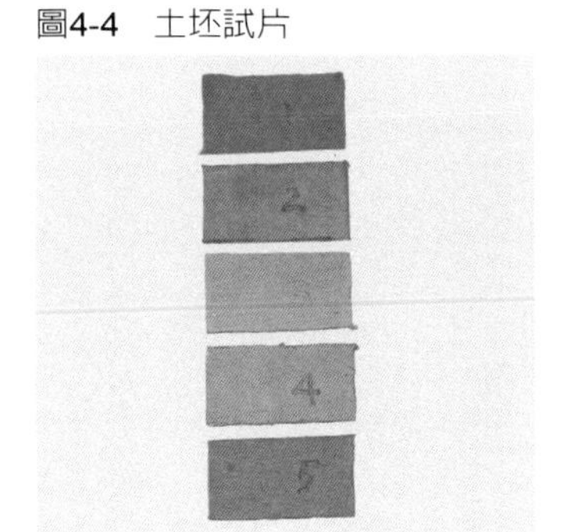

圖4-5　1210°C燒成之試片

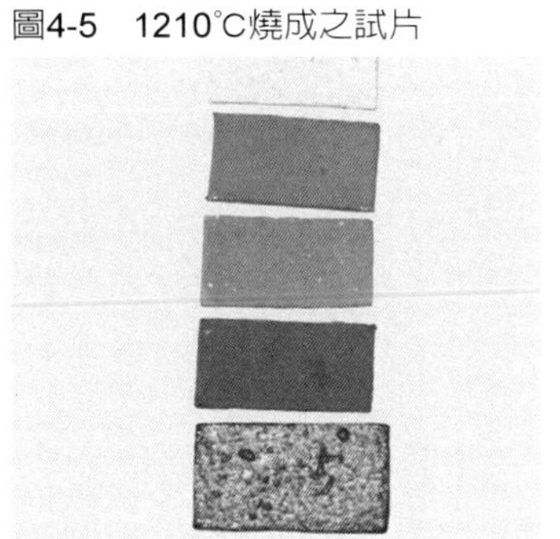

收縮率的計算公式如下：

$$\frac{原長減去燒後長}{原長}\times 100=\%收縮率$$

※例一

濕試片原長10公分，乾燥後成為9公分，其收縮率計算為：

$$\frac{10-9}{10}\times 100=10\%$$

※例二

乾試片長為9公分，經1230℃燒成後長度為7.65公分，其收縮率計算為：

$$\frac{9-7.65}{9}\times 100=15\%$$

各種黏土的收縮情況如圖4-1、圖4-2、圖4-3所示：

說明：試片長度為2公分寬，1公分厚，10公分長。

四、燒成溫度

各種自然的黏土及市售的配土都有其燒成溫度，燒成溫度是指燒成後，坯體表面成熟而不變形。一般市售黏土均會標明各項黏土特性及燒成溫度可供參考。如表4-4所示。

表4-4　市售調配黏土性質參考表

編號	用途特性	收縮比	燒成溫度	燒成呈色	燒成氣氛
NO.26瓷土	手拉坯瓷土 適用大小作品	全收縮15%	1260℃~1280℃	溼土／灰白 燒成／純白	氧化還原
NO.31瓷土	薄胎拉坯、 注漿、機械成型	全收縮12.5%	1280℃ 透明度佳	質白	還原
SP-4,8 雪白瓷	注漿、機械成型	全收縮12%	1300℃	雪白 乾坯強度佳	還原
SP-10,15 雪白瓷	注漿	全收縮12.5%	1300℃	純白 乾坯強度佳	還原
古染土	拉坯、旋坯、 茶壺	全收縮15%	1260℃	質地細色澤 柔潤（米黃） 質感極佳	氧化還原
白瀨戶陶土	薄胎拉坯、手、 造型創作	全收縮15%	1250℃~1300℃	日本陶藝 塑性極佳 質白細無雜質 成份穩定 燒成範圍廣	氧化
NO.3木櫛土	質純，細緻，粘性佳，雕塑原型製作用乾坯強度佳，免燒成。				
耐熱鍋土	熱冷可、塑性佳、可手造、動力成型、收縮小、原土風味自然（乳白）質感佳				

但是若自行採掘之黏土，則必須自行測試燒成溫度，簡便燒成溫度測試步驟如下：

- 製成5公分×2.5公分×0.3公分之試片。（圖4-4）
- 先以1100℃起燒，若表面成熟不變形，則屬此溫度。
- 若像素燒般不熟，再增加測試溫度，如1150℃、1200℃逐步增溫。
- 如1200℃燒成後不熟而1220℃燒成變形，則屬1210℃之黏土。
- 圖4-5是瓷土、陶土、熟料土、大武山土、月世界土，在1210℃燒成後之試片。

第三節　黏土的回收與煉製

一、黏土的回收

黏土應維持在溼度適中的情況下才方便使用，向廠商購買的黏土，如果是溼土的話，應用塑膠袋加以包裝，以維持它的溼度。假若購買的黏土是乾土，或者購來的溼土因保管不當以致半乾或全乾，或是有些不要的作品和廢土，都須作回收處理。

圖4-6　泡成泥漿

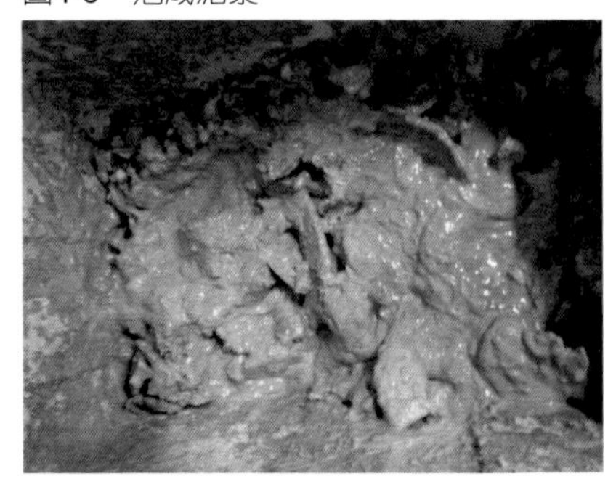

圖4-7　入袋壓乾

圖4-8　石膏板上陰乾

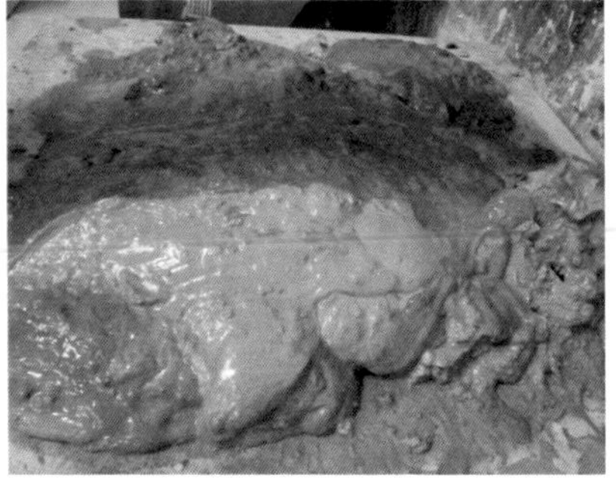

圖4-9　木板上陰乾

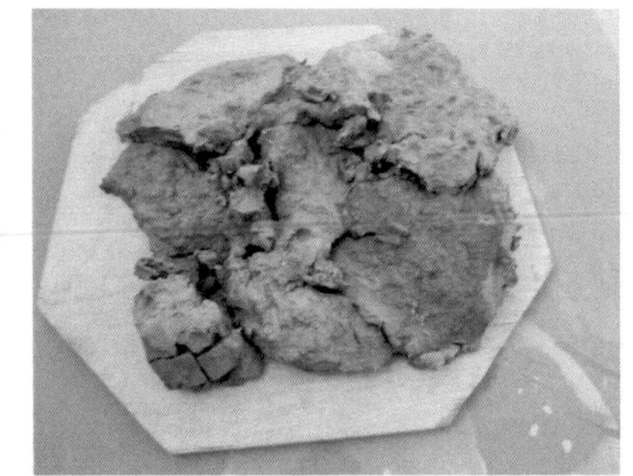

溼土的回收處理比較容易，乾土則須與溼土分開處理，不可互相混雜以增加困擾。乾土的處理步驟如下：

1. 將乾土置入桶中泡水。（圖4-6）
2. 注意在乾土泡透仍保有泥土彈性時便應撈起，以免泡成泥漿。
3. 若泡成泥漿時，可裝入布質米袋中用石頭壓至半乾備用。（圖4-7）
4. 也可將泡透的黏土，置於石膏板上吸乾。（圖4-8）
5. 亦可將泡透的黏土放在木板上自然陰乾。（圖4-9）

二、黏土的練製

黏土在使用前必須加以揉練，一是使土的溼軟度均勻，二是除去黏土中的氣泡。練土使用練土機最為方便，練土機分一般常壓的練土機，它的主要功能是將土練勻和達到要求的溼軟度，而真空練土機可將土中的氣泡抽離，使練出的黏土密緻且有黏性。

利用練土機練土既輕鬆又能控制品質，假使沒有練土機練土，只有靠雙手來揉土。

揉土的步驟如下：

（一）粗揉：將軟硬不同的黏土混合在一起做初步揉和，如感覺黏土太乾，可再加水揉勻，直到需要的乾溼度為止。粗揉的動作就如「揉粿」一般，把土塊以雙手壓住，並用力壓往板上，反覆壓揉數次而成橫長條狀，再將橫條土豎起，用雙手再用力壓往板上，反覆壓揉成橫條狀，如此數次粗揉直至黏土硬度和溼度都已經均勻為止。動作如圖4-10至4-15所示。

（二）菊揉：黏土經過粗揉後，便要用「菊揉」方法以擠出黏土中的空氣。菊揉的要領是把土團用一隻手掌壓下，另一手扳起土團並略為旋轉，壓土的這隻手壓第二下，另一手再扳起土團，如此反覆進行，土團便形成菊花狀，稱之為「菊揉」或「菊花練土法」。菊揉對初學者確有難度，必須歷經多次練習才能體會其中要領，至於揉成的形狀是否完美，那並不是很重要。菊揉的程序如圖4-16至4-25所示。

圖4-10　粗揉（一）

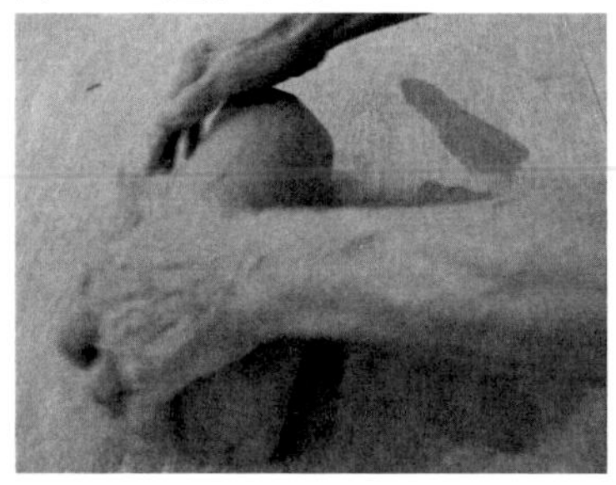

圖4-11　粗揉（二）

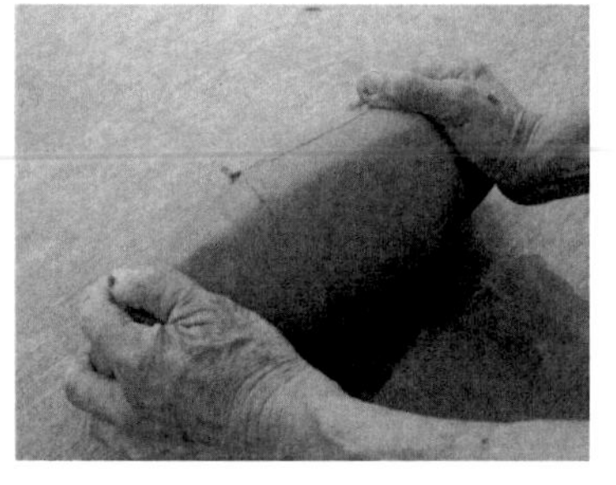

圖4-12　粗揉（三）

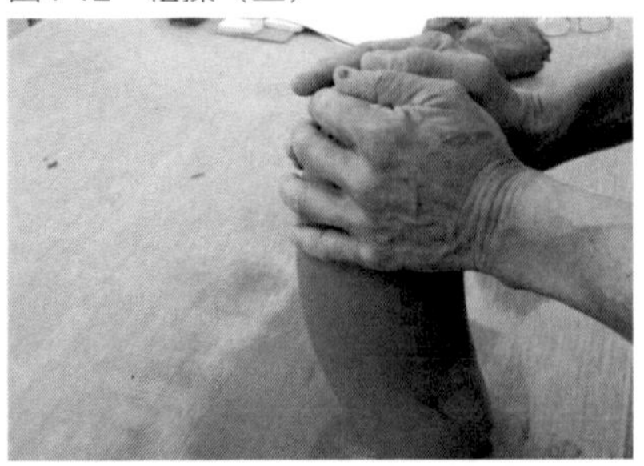

圖4-13　粗揉（四）

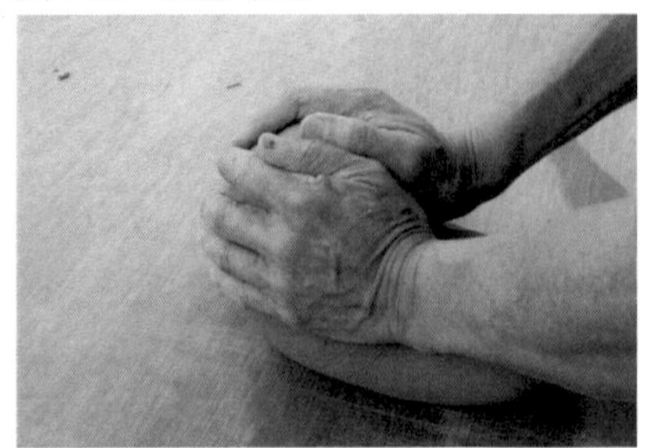

圖4-14　粗揉（五）

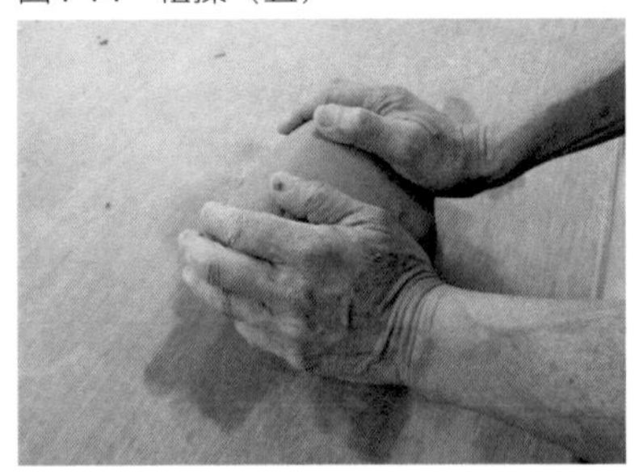

圖4-15　粗揉（六）

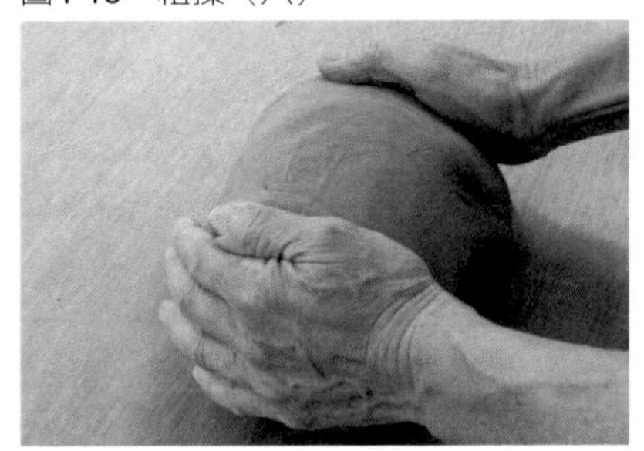

圖4-16　菊揉（一）

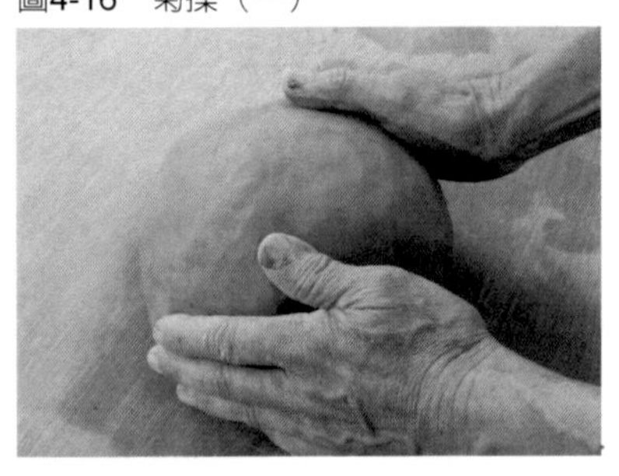

圖4-17　菊揉（二）

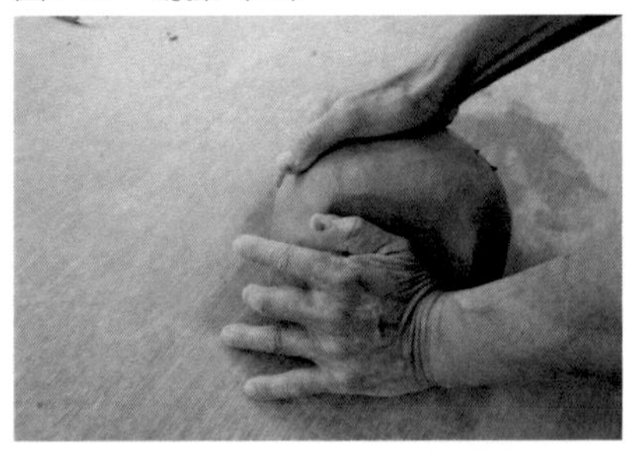

圖4-18　菊揉（三）

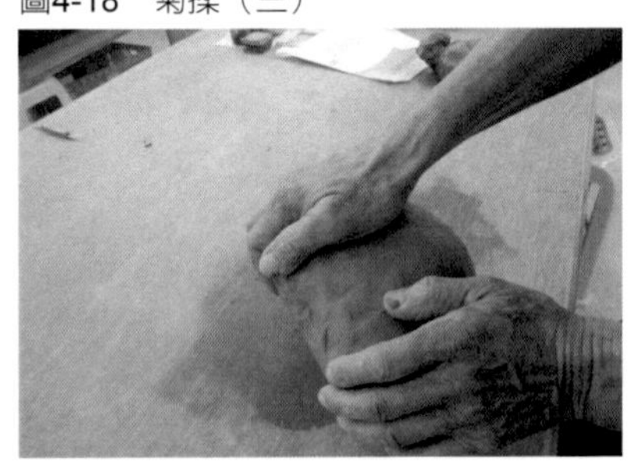

圖4-19　菊揉（四）

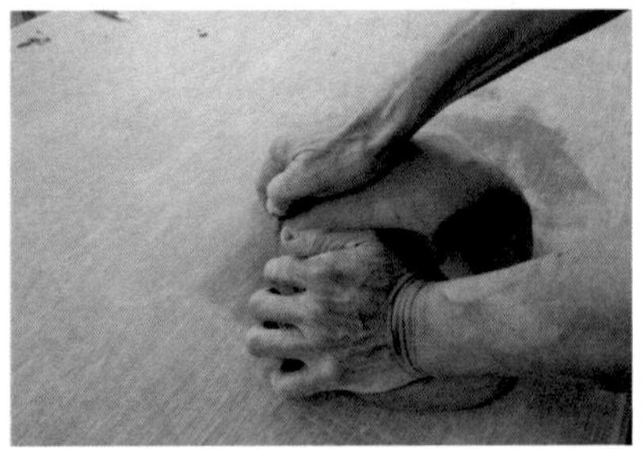

圖4-20　菊揉（五）

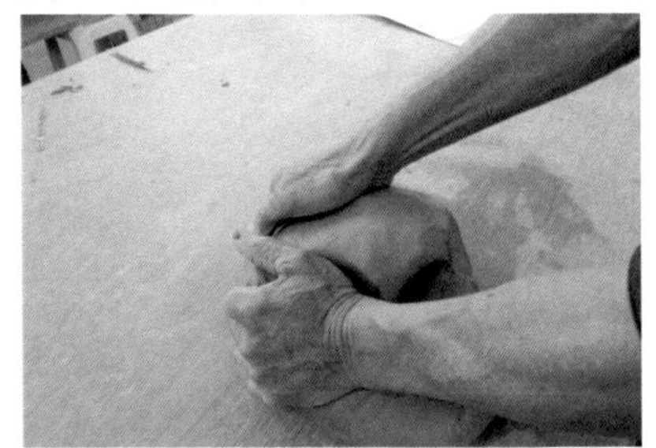

圖4-21　菊揉（六）

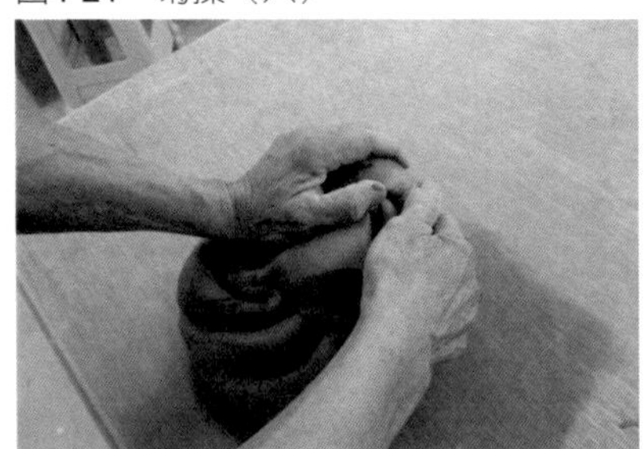

圖4-22　菊揉（七）

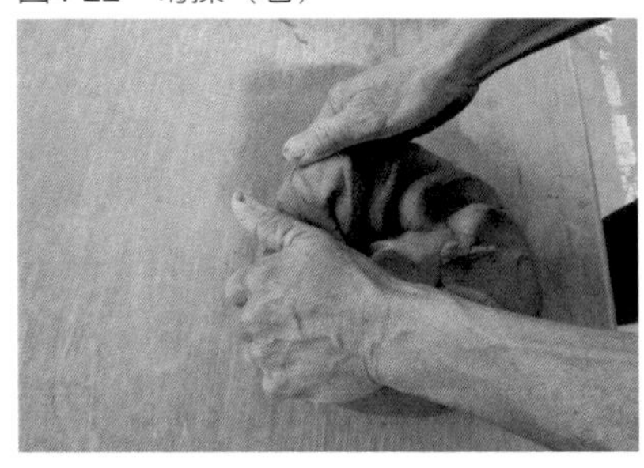

圖4-23　菊揉（八）

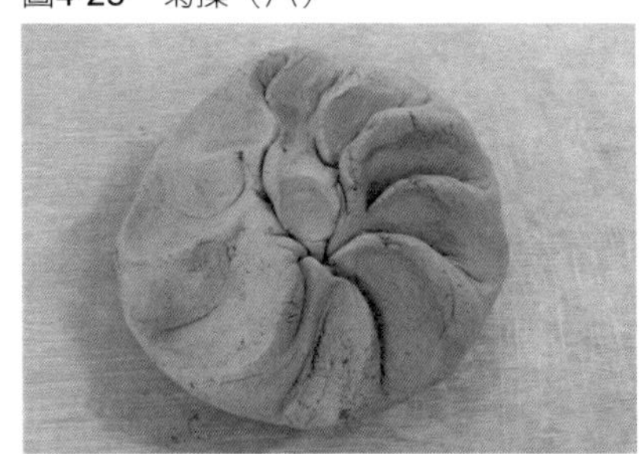

圖4-24　菊揉（九）

圖4-25　菊揉（十）

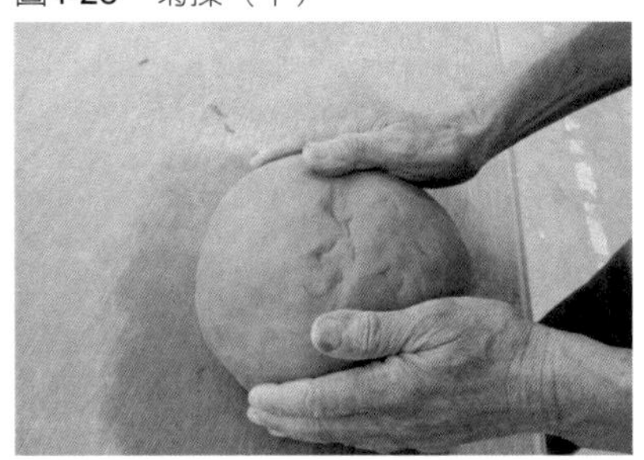

圖4-26 未抽氣黏土

圖4-27 抽真空黏土

未練好的黏土切開後，裡面有很多孔隙氣泡（圖4-26），較不適合使用。經過練土機或菊揉過的黏土，切開觀察（如圖4-27），質地細密沒有絲毫空隙。

黏土練妥後，最好即刻使用最為理想，如果暫且不用。應用塑膠袋包裝或以可蓋封之塑膠收藏桶存放（如圖4-28），以防止風乾後又增加處理的麻煩。

圖4-28 練好黏土存放

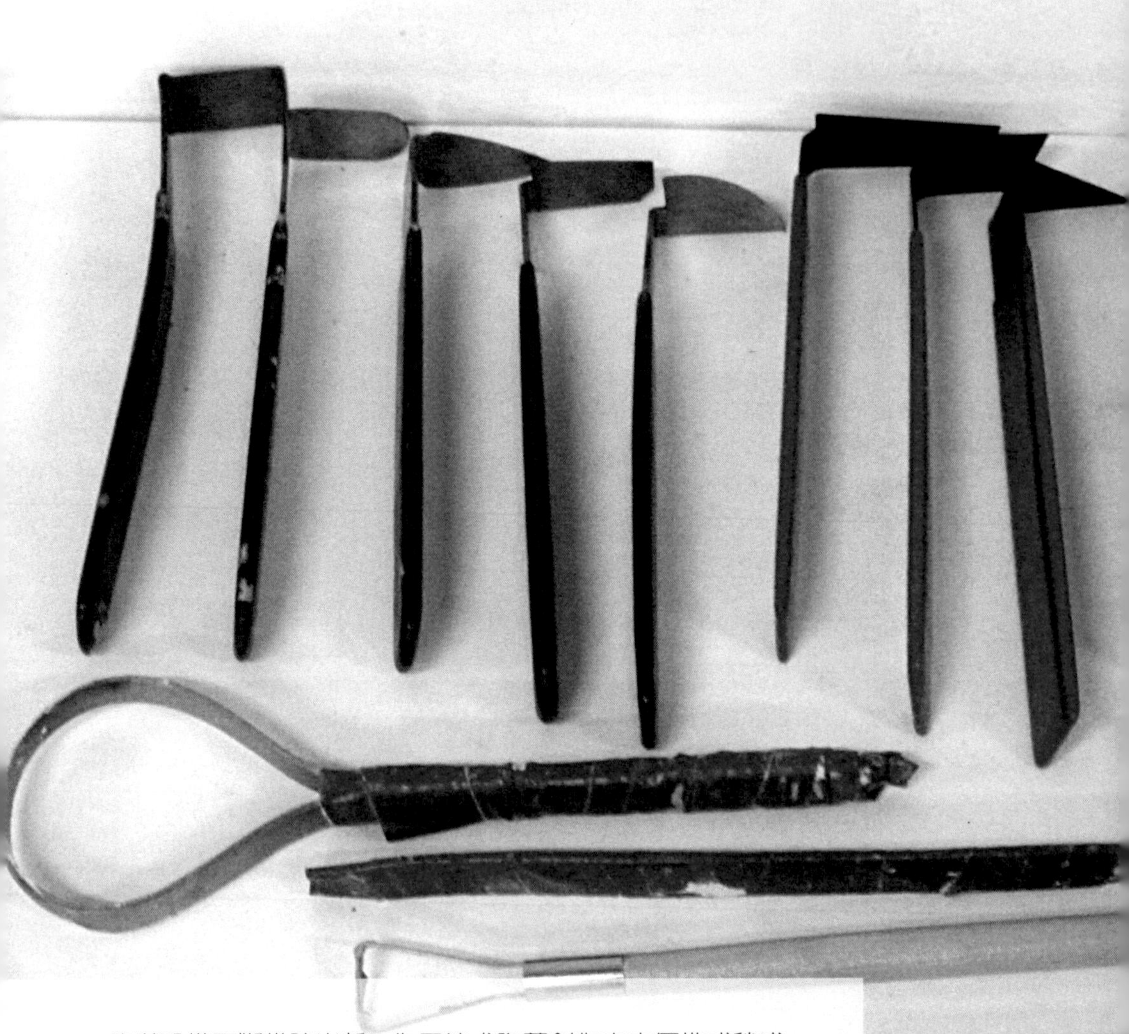

陶藝設備不斷推陳出新，為了追求陶藝創作之方便性或稍成作品之穩定性，陶藝工作者必須仰賴這些現代陶藝設備去實現。而工具方面，廠商也提供了琳瑯滿目的選擇，能滿足創作者需求，十分方便。

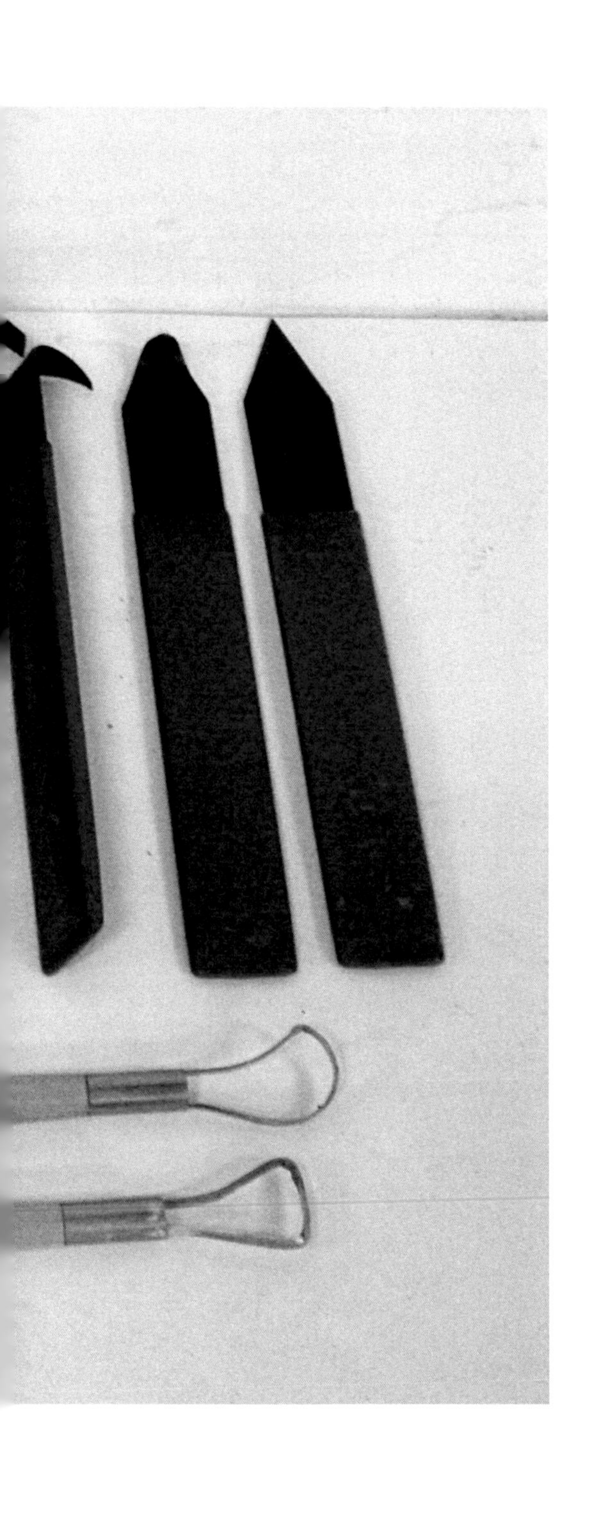

第5章 現代陶藝設備

第一節　陶藝設備

一、電窯

電窯是陶藝工作室必備的設備，它是無焰式的窯爐，利用電為燃料而產生輻射熱，為方便、清潔且操作簡便的實用窯具。現在的電窯均附有程式型溫控器，可以設定各種複雜的燒程，也有多組的記憶程式，而依指定程式自動燒成。

電窯的規格，依其窯內長、寬、高尺寸表示，電壓一般為220V，分上開式及側開式窯門兩種。

電窯應用在原住民陶藝上，可做素燒，燒成溫度能穩定達到自己的要求，素燒後的坯體，可進行高溫釉燒以及搭配其他燒成方法。

電窯也可實施燻燒工作，可以表達出原住民陶藝還原燻黑的效果。

二、瓦斯窯

瓦斯窯顧名思義就是以瓦斯為燃料的窯爐，使用瓦斯窯需要有寬敞的場地，也要考慮通風及煙囪排氣問題。

瓦斯窯分升焰窯與倒焰窯兩種，升焰窯是熱空氣從底部逐漸上升至頂，從頂口排氣；倒焰窯是熱空氣從底部到達上面，再回到底部，從底部的煙道連接煙囪將氣排出。

瓦斯窯燒窯十分費事，需要不斷加熱，不斷改變氣壓，注意調節燒成氣氛以及隨時留意看守等工作，但若要做還原燒成時，非得用瓦斯窯才行，原住民陶器，若以高溫還原燒成時，會有其不同之品味。

三、練土機

用練土機練土確是方便多了，練土機有一般練土機與真空練土機兩類，經過練土機多次練土後，可以讓黏土保持相同乾溼度和黏性，若使用真空練土機練過的黏土，其土質更加細密而沒有空氣存在，不管拉坯或擀陶板，均十分好用。

四、陶板機

擀製掏板，可以用擀麵棍手工擀製，也可以使用陶板機，使用陶板機擀製大片陶板較省力方便，而且厚薄較為一致，也較容易掌控。原住民陶藝甚多採用陶板成形，但是有陶板機使用為最佳。

五、打漿機

如果成形方法是使用注漿成形，便需要有打漿機的設備，打漿機的大小，可依使用量的多少去決定。

六、轆轤

轆轤亦稱拉坯機，轆轤規格以馬力和盤徑為主，形式甚多。轆轤主要做拉坯用，凡圓形陶器，大多利用拉坯機成形，當然，原住民陶器也可以使用拉坯機成形，只是拉坯需要有較高難度的技巧。

圖5-1　上開式電窯

圖5-2　側開式電窯

圖5-3　瓦斯窯

圖5-4　電及瓦斯兩用窯

圖5-5　真空練土機

圖5-6　陶板機

5-7　打漿機

圖5-8　轆轤圖

圖5-9　水洗式噴釉台

圖5-10　磨釉機

七、噴釉台

現代原住民陶藝創作，已經結合釉藥高溫燒成，所以在噴釉時便需要噴釉台。一般噴釉台只是利用抽風設備將釉氣排出，會造成外面空氣環境之污染，新式噴釉台使用水洗式的方法，利用流動的水幕使噴出的釉氣附著沈澱，較為乾淨衛生。

圖5-9為水洗式磨釉台。

八、磨釉機

配好之釉藥須經磨釉機研磨，研磨時間不等。

圖5-10為磨釉機。

第二節　工具

1. 木刀：木刀幾乎是成形十分重要的工具，不管用來修齊器口、結合處的黏壓及表面修刮等，都非常依賴它，木刀可以依使用性質之方便而準備各種不同形狀之木刀。（圖5-11）
2. 拍板：使用拍板可以整形，也有刻痕的拍板可拍出陶器外表的痕紋。（圖5-12）
3. 擀麵棍：依使用需求選用不同長度、直徑的擀麵棍來擀製陶板。（圖5-13）
4. 帆布及木條：?陶板需要上下各墊上帆布才不會沾黏桌面和棍面，要?製不同厚度的陶板時，也要準備不同厚度的木條以控制?出的陶板厚度。（圖5-14）
5. 轉盤：傳統製陶沒有使用轉盤，事實上在轉盤上製陶是最方便了，在轉盤上製陶旋轉坯體容易，在轉盤上旋轉拍打，可以獲得圓滑平整的坯體。（圖5-15）
6. 木片：以硬木製成各種形狀之木片，除了修整坯體表面外，並用來做拉坯時之內外整型。（圖5-16）
7. 素坯半圓托盤：用拉坯成形方法，做出半圓之陶壺下半部形狀，經素燒後，可做為陶壺成形時之底部造型或利用木製圓模製作底部。（圖5-17）
8. 壓印陽模：原住民陶器常需要壓印各種紋樣，可先用陶土做出陽模再行高溫燒成，就可做陶壺表面各種圖案之壓印。（圖5-18）

9. 規具：（圖5-19）

- 劃線台：刻劃平行線用。
- 外卡：有木製或其他材質之外卡，目的是要量取外徑用。
- 圓規：可以劃圓使用，亦可以做位置之等分。
- 量尺：一尺或兩尺之鋼尺最為好用。

10. 拉坯工具組：拉坯及修坯，需要有不同功能的整組拉坯工具。（圖5-20）
11. 規板：各種大小不同的規板，以及附有腳墊的規板，可以將坯體置於規板上，方便作業及搬動。（圖5-21）

圖5-11　木刀

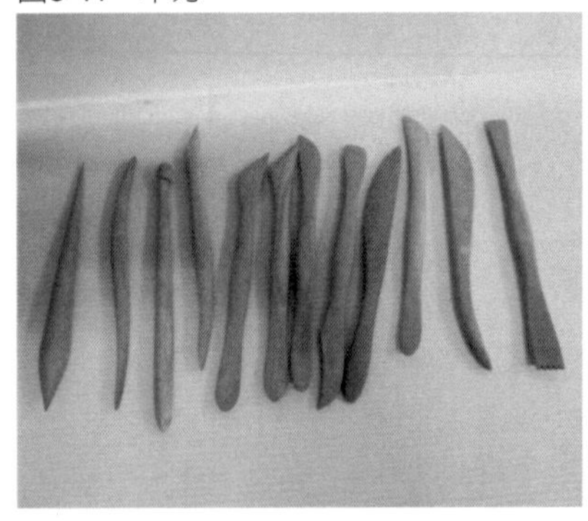

圖5-12　拍板

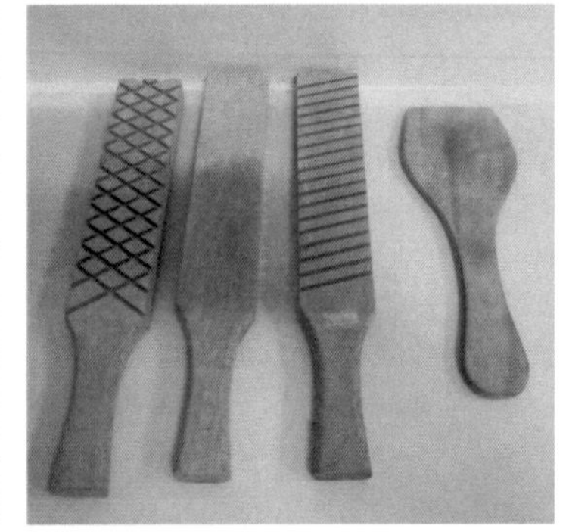

圖5-13　擀麵棍

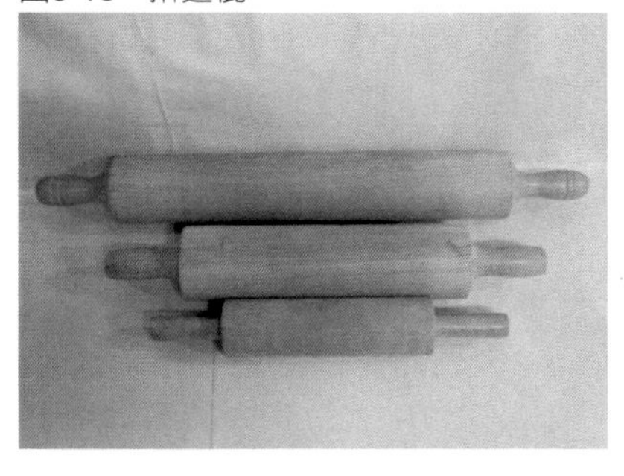

圖5-14　帆布木條

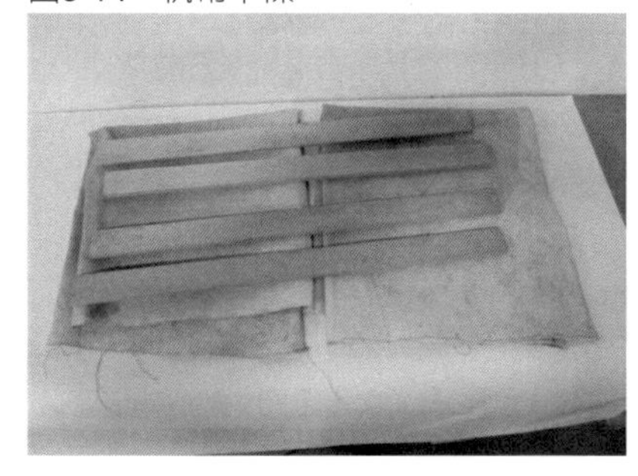

圖5-15　轉盤

圖5-16　木片

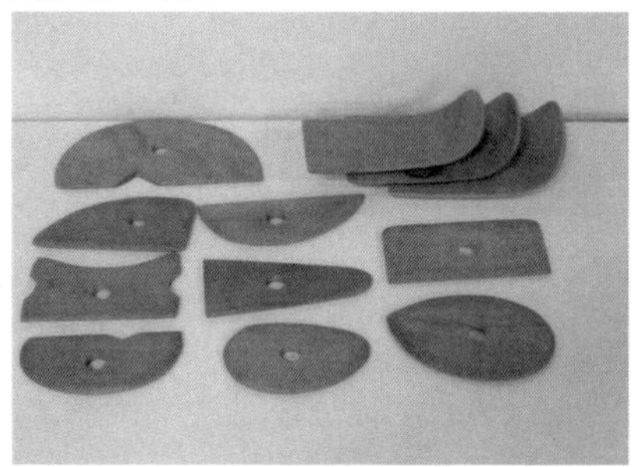

圖5-17　底模

圖5-18　壓印陽模

圖5-19　規具

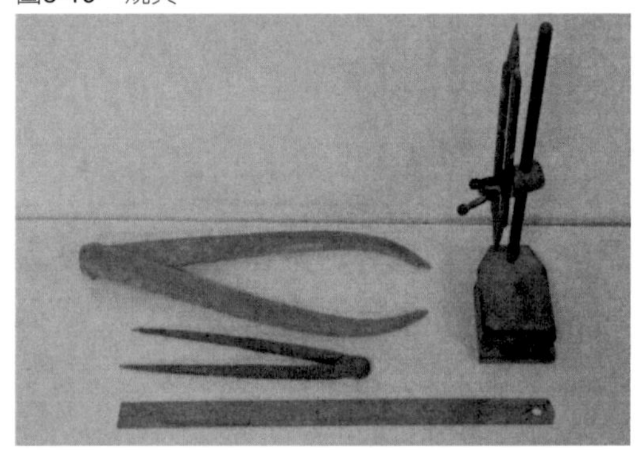

圖5-20　拉坯工具組

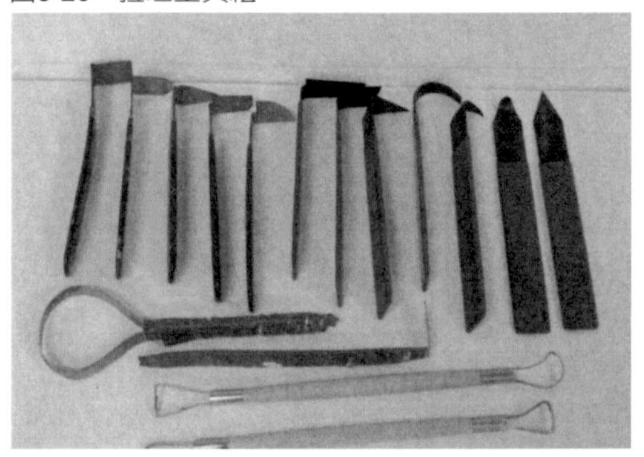

圖5-21　規板

現代陶藝成形技法，已隨著機器設備及工具材料的與日俱進而不斷精進創新，所以現在陶藝初學者都必須在成形技法上下功夫，打好了基礎，對陶藝創作才能得心應手。原住民陶藝的創作自然也應該融入現代陶藝的成形技法，才能維持品質，同時呈現新時代的新氣象。

第章

現代陶藝成形技法

第一節　陶瓷製造過程

傳統原住民陶器製作過程簡單，燒成溫度低，所以十分類似，變化也不大。見下表6-1陶瓷的製造過程。

原住民陶器製作過程簡單，燒成溫度低，所以十分類似，變化也不大。而原住民陶藝如果想要突破，並結合現代陶藝的成形技術及燒成方式，則需要瞭解一般陶瓷的製造過程。

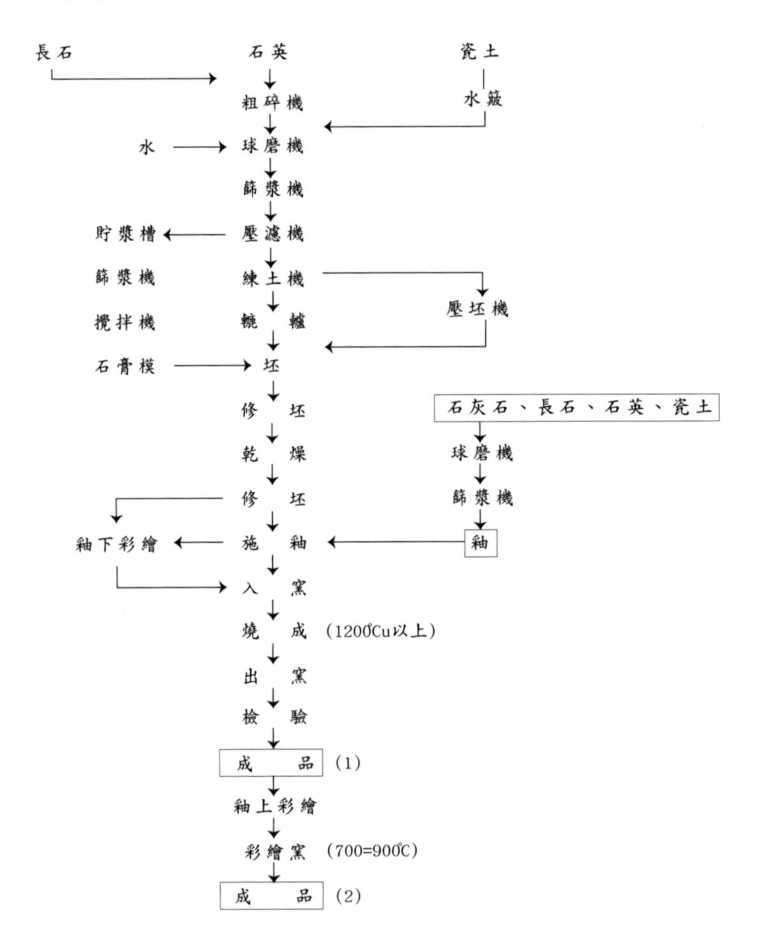

第二節　現代陶藝成形技法

一、拉坯成形

拉坯成型使用的設備是「轆轤」，主要的步驟如下：

1. 練好的陶土切取所需量，將之拍成圓形土團。
2. 將土團置於拉坯機轉盤上（或木板）。
3. 定中心。
4. 開洞。
5. 拉成直筒坯形。
6. 造形。

原住民陶壺利用拉坯成形技巧，可參考圖6-1系列示範動作來完成。

見圖6-1系列動作：原住民陶壺拉坯成形。

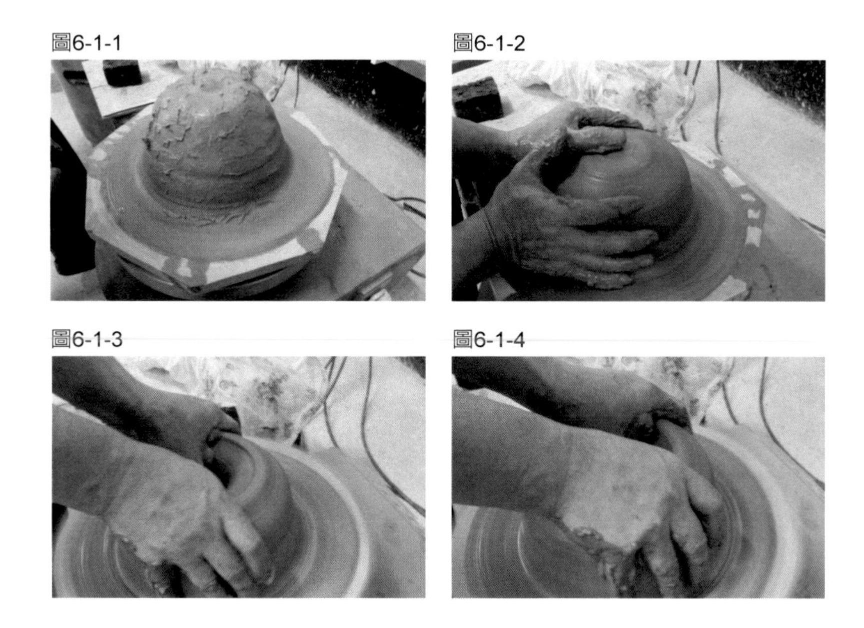

圖6-1-1　圖6-1-2

圖6-1-3　圖6-1-4

圖6-1-5

圖6-1-6

圖6-1-7

圖6-1-8

圖6-1-9

圖6-1-10

圖6-1-11

圖6-1-12

圖6-1-13

圖6-1-14

圖6-1-15

圖6-1-16

圖6-1-17

圖6-1-18

圖6-1-19

圖6-1-20

圖6-1-21

圖6-1-22

圖6-1-23

圖6-1-24

圖6-1-25　黏貼．劃線

圖6-1-26　刻劃

圖6-1-27　打磨

圖6-1-28　完成

圖6-2　瓷盤（青瓷）

圖6-3　阿美陶鍋（耐熱土）

圖6-4　燈座（青瓷）

圖6-5　陶罐（柴燒）

圖6-6　陶缸

圖6-7　茶具組

※拉坯成形之原住民陶藝作品：

二、注漿成形

注漿成形的目的是「複製」，對於設計開發的重要作品，可以翻製成石膏模，然後以注漿成形的方法多量或大量的複製，比較簡單的石膏模可以自行製作，比較複雜的石膏模則委託專業工廠代為製作。

注漿成形所需要泥漿品質十分重要，泥漿是黏土和水，再加入少許「水玻璃」打勻而成，好的泥漿，要看它的比重和粘度，假如泥漿太濃則加水，太稀則添加黏土、白雲土、球狀土等。而黏度太稠時，須慢慢加入解凝劑「水玻璃」，若水玻璃太多過稀，則加點磷酸鎂水溶液調整。

原則上，泥漿的比例約是水35%，土65%，水玻璃0.1～0.3%，好的泥漿，具有很好的流動性，用手撈起手指朝下時，能順利下流而不會成點滴狀（如圖

圖6-8　泥漿測試（一）

圖6-9　泥漿測試（二）

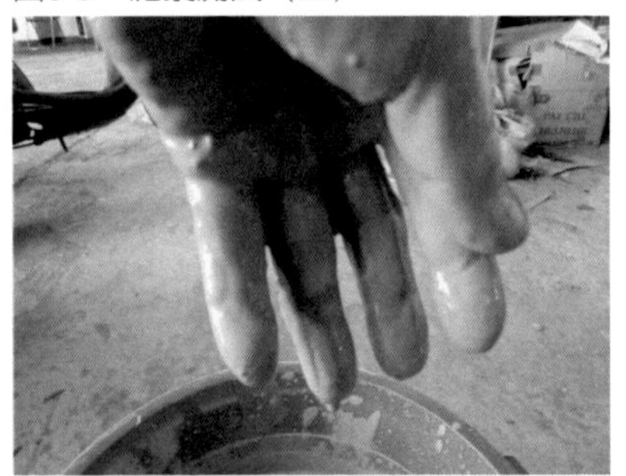

6-8），但當手指張開也要有些鴨掌蹼狀稠性（如圖6-9），否則便太稀了。

注漿程序如下：

1. 乾模：石膏模必須乾燥才有強吸水性。（圖6-10）
2. 綁模：將石膏模用橡膠圈或膠帶綑牢，否則泥漿會外洩。（圖6-11）
3. 注漿：泥漿需先行過濾（圖6-12），再將泥漿慢慢倒入模內才不會產生氣泡（圖6-13）。
4. 最好八分滿時，先搖晃石膏模（圖6-14），可以將氣泡排出，然後再注滿。（圖6-15）。
5. 加漿：泥漿被石膏模吸水後逐漸下降，須不斷補充泥漿。（圖6-16）
6. 倒漿：判斷吸附在石膏模黏土厚度達到要求時，便將泥漿慢慢倒出（如圖6-17），倒漿可分次傾倒，小件可一次倒完，倒完後倒立泥漿桶上陰乾（如圖6-18）。
7. 開模：將石膏模翻轉過來，先修去口部的泥土再行拆模（如圖6-19），拆模之前須判斷陰乾足夠，陰乾不足時，坯體會附在石膏模上。首先拆去底模。（如圖6-20）
8. 繼續拆上模。（圖6-21）然後輕輕取出坯體待乾。（圖6-22）

※注漿成形之原住民陶藝作品：

圖6-10　乾模

圖6-11　綁模

圖6-12　泥漿過程

圖6-13　注漿

圖6-14　搖出氣泡

圖6-15　注滿

圖6-16　加漿

圖6-17　倒漿

圖6-18　陰乾

圖6-19　開模

圖6-20　拆底模

圖6-21　拆上模

圖6-22　取坯待乾修整

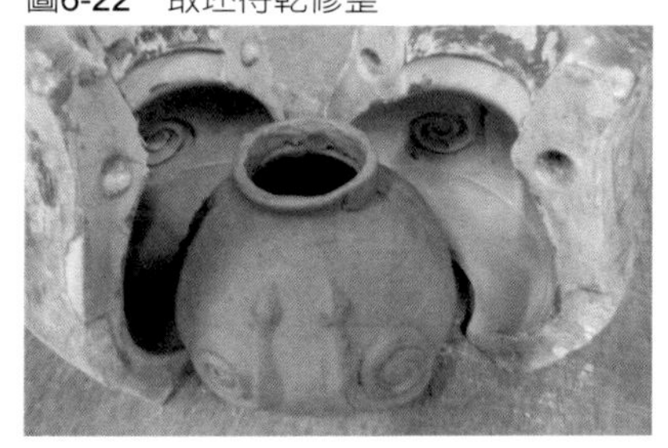

三、手捏成形

手捏成形是陶藝技法最基礎，也是十分重要的技巧，學習陶藝者不能不熟諳它的技法。當基本技法熟練之後，不論要捏塑何種作品，都較容易得心應手。

圖6-23　陶壺（泥漿釉）

圖6-24　陶壺（坑燒）

圖6-25　茶罐（釉燒）

圖6-26　小茶壺

茲就手捏成形的技法分解步驟如下。

(一)杯形器之捏作：

1. 取適量一團土，約200克至250克左右。
2. 將土團搓成圓球形。（圖6-27）
3. 左手掌握土球，右拇指壓入球內至離底所需厚度，右手四指頂在土球外部，拇指在土球內部旋轉，將底部捏成均勻厚度的坯體。（圖6-28、6-29）

圖6-27

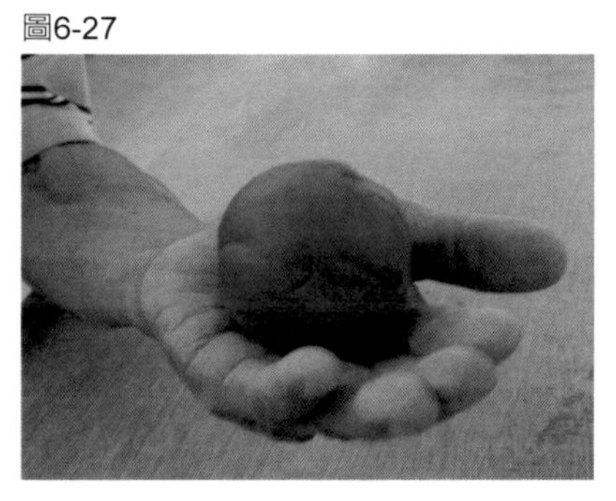

圖6-28

圖6-29

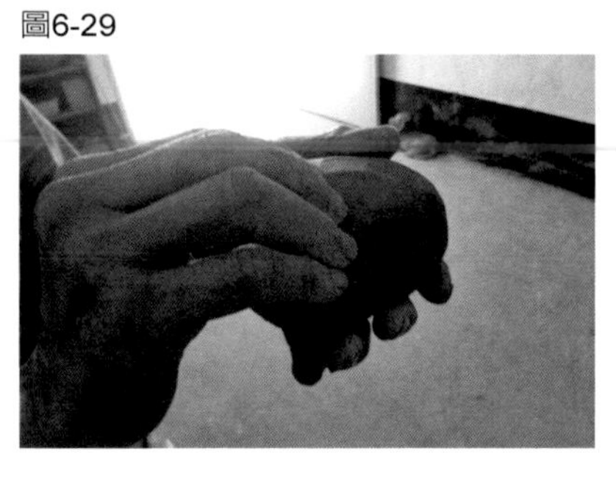

圖6-30

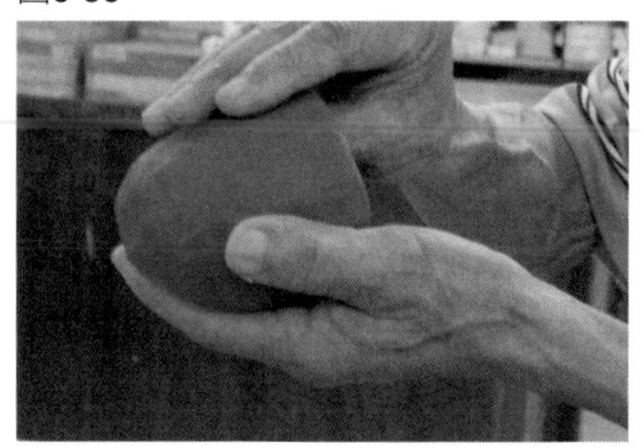

4. 底部完成後，逐漸往上移動捏作，並注意坯體厚度平整均勻。（圖6-30、6-31、6-32）

5. 中段完成後，繼續往上捏作，坯體必須保持U形，坯口尚須留有一些厚土。（圖6-33）

圖6-31

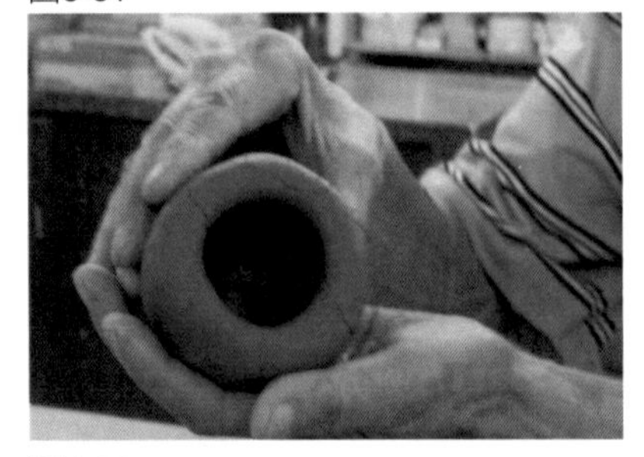

圖6-32

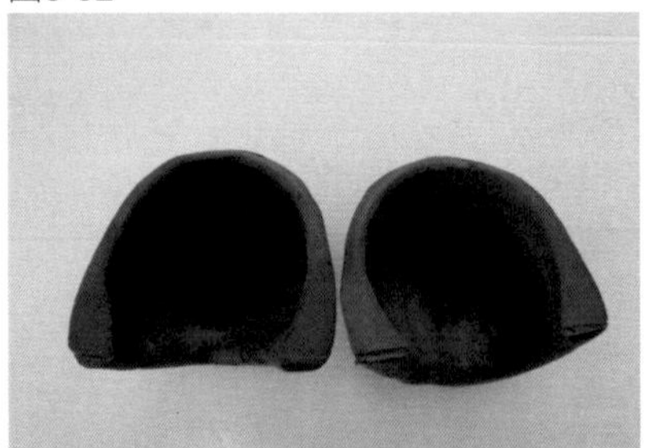

圖6-33

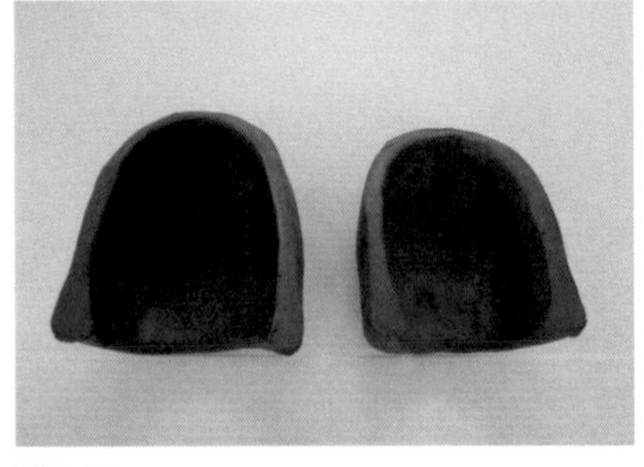

圖6-34

圖6-35

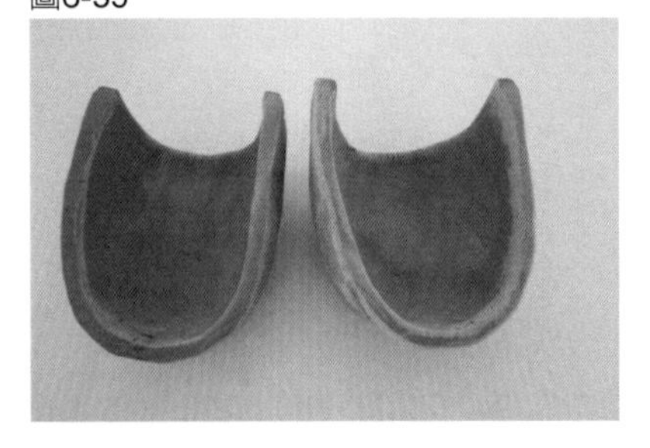

6. 將U形坯放在轉盤上，利用雙手將坯口捏平，但坯口不可捏得太薄，坯口也須捏到平整程度，不能出現高低不平的坯口。（圖6-34、6-35）

（二）空心體捏作

陶藝作品不可做得太厚，否則窯稍時容易爆破，所以凡是製作動物等坯體，都要做成空心體。

製作空心體之方法為：

1. 手捏成形到達圖6-33程度。（圖6-36）
2. 應用左手虎口頂住坯口，右手食、拇指將坯口往虎口擠，讓坯口逐漸收縮。（圖6-37）

圖6-36

圖6-37

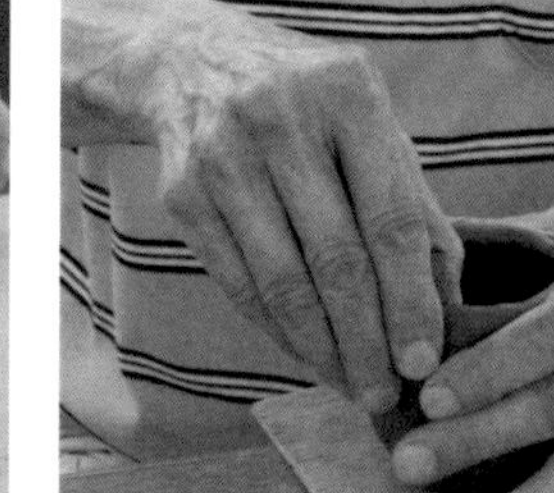

圖6-38

圖6-39

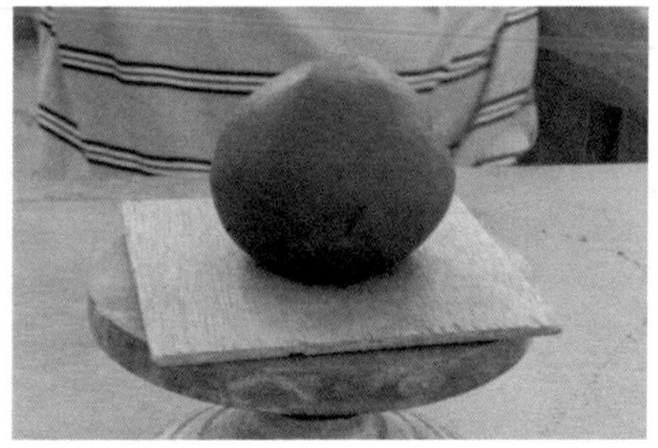

3. 利用左、右手虎口慢慢縮口。（圖6-38）

4. 縮口完成。（圖6-39）

（三）原住民背籃之製作

原住民背籃可依所需功能做成不同之大小，小件背籃可放牙籤，稍大背籃可放水果叉，大件背籃可放吸管或筷子。

背籃之製作步驟如下。

1. 利用手捏成形手法捏成背籃坯形。（圖6-40）
2. 搓兩泥條，粗細須適合坯體大小、長度，可先試量再切去多餘長度，並彎成U形。（圖6-41、6-42）

圖6-40

圖6-41

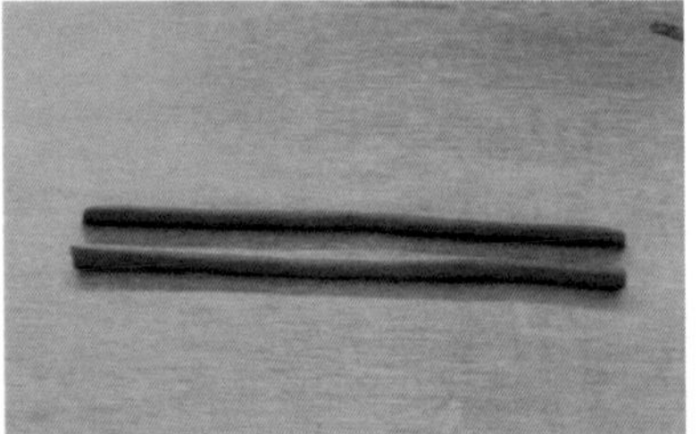

圖6-42

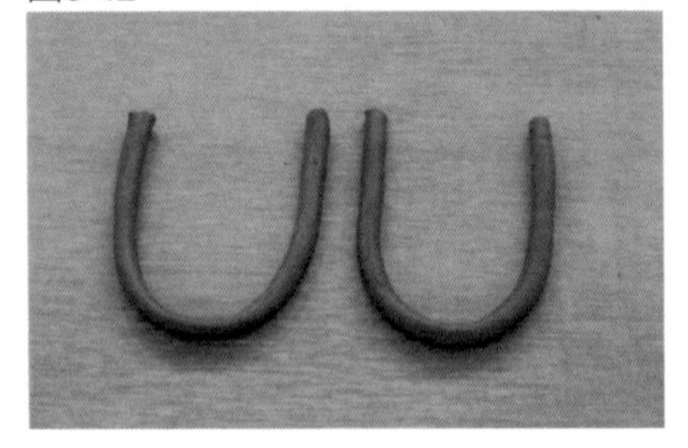

圖6-43

3. 將泥條沾漿黏上背籃。（圖6-43）
4. 待半乾時利用打洞器挖孔。（圖6-44）
5. 背籃完成。（圖6-45）

（四）原味鈴鐺製作

製作原味鈴鐺之步驟如下。

1. 利用手捏成形方法製成空心坯體，在未縮口前放入小圓球。（圖6-46）
2. 搓一泥條，取適當長度黏在坯體上。（圖6-47）
3. 待半乾時雕刻鈴鐺，及底部切條形口。（圖6-48、6-49）

（五）原住民臼形小器物之製作

原住民臼形小器物之捏製，是依據手捏成形手法作上下兩段分別捏成的，其步驟如下。

1. 取適量黏土，並搓成略長條狀。（圖6-50、6-51）
2. 取三分之一長度先捏出臼底半圓形體。（圖6-52）
3. 再利用上部三分之二之黏土捏成臼體上部（圖6-53）
4. 修整成形，待半乾時再形刻劃工作。（圖6-54、6-55、6-56、6-57）

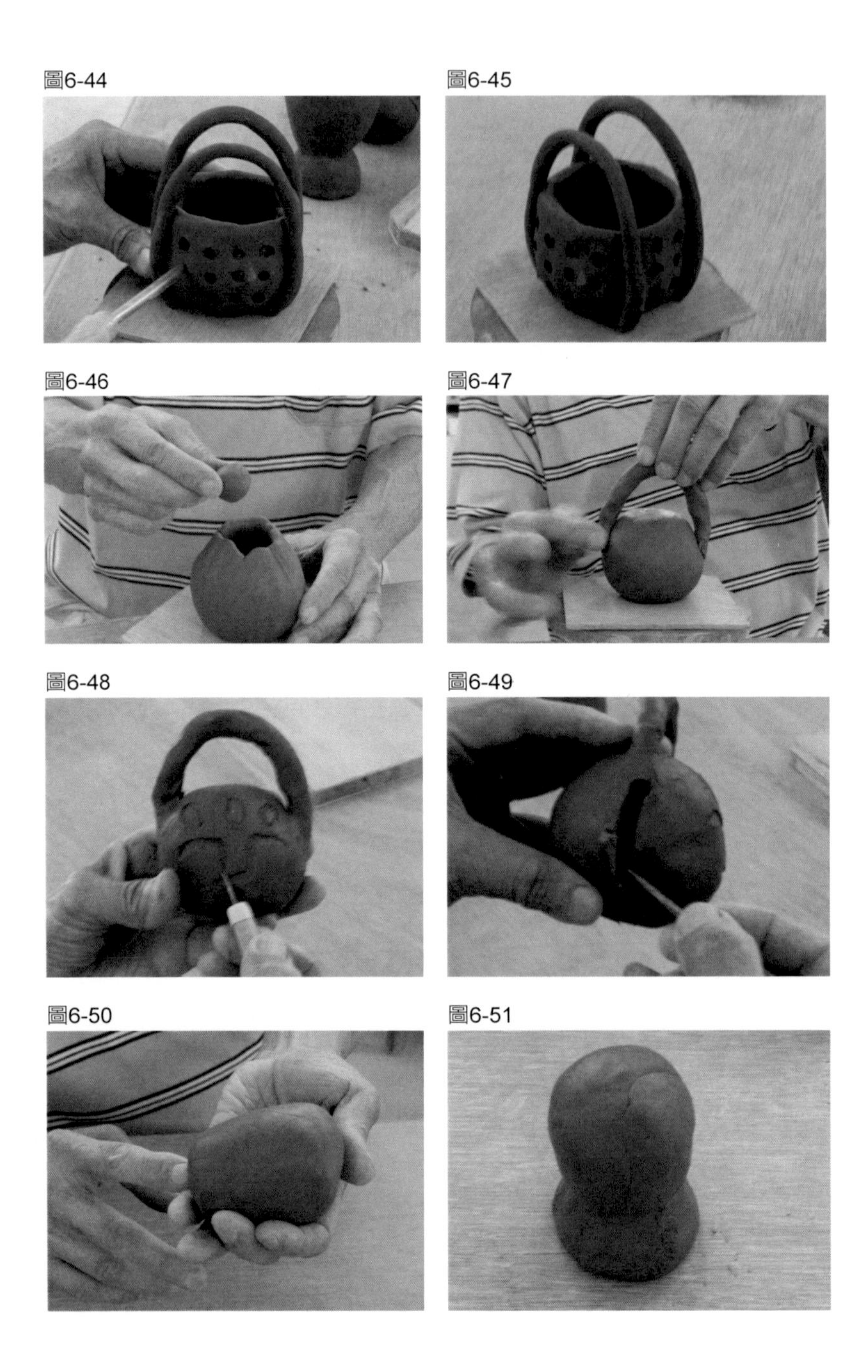
圖6-44
圖6-45
圖6-46
圖6-47
圖6-48
圖6-49
圖6-50
圖6-51

圖6-52

圖6-53

圖6-54

圖6-55

圖6-56

圖6-57

（六）手捏成形之作品如下

圖6-58　陶偶（釉燒）

圖6-59　煙斗（坑燒）

圖6-60　陶舟（釉燒）

圖6-61　背籃（釉燒）

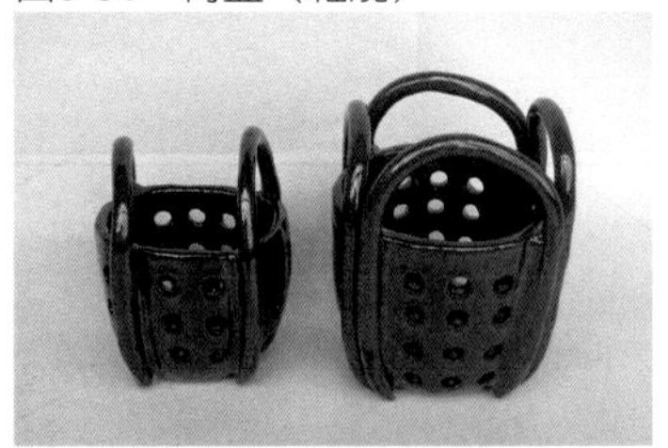

圖6-62　鈴鐺（釉燒）

圖6-63　鈴鐺

圖6-64　陶豬（釉燒）

圖6-65　小陶壺（炭燒）

四、泥條成形

原住民陶器傳統成形手法大多是以泥條手法完成，只是有的會拍成泥片去組合，意義上是相同的。泥條成形至今仍是現代陶藝成形的重要手法，學習陶藝不能不會的基本功夫。

圖6-66至圖6-77是原住民陶器採用泥條成形的成形步驟，可參考學習：

1. 陶板壓入素坯模型內，並搓適中粗細之泥條。（圖6-66）
2. 以泥條疊接盤築。（圖6-67）
3. 繼續向上盤築。（圖6-68）
4. 修整外表。（圖6-69）

圖6-66　做底部及搓泥條

圖6-67　泥條盤接底部

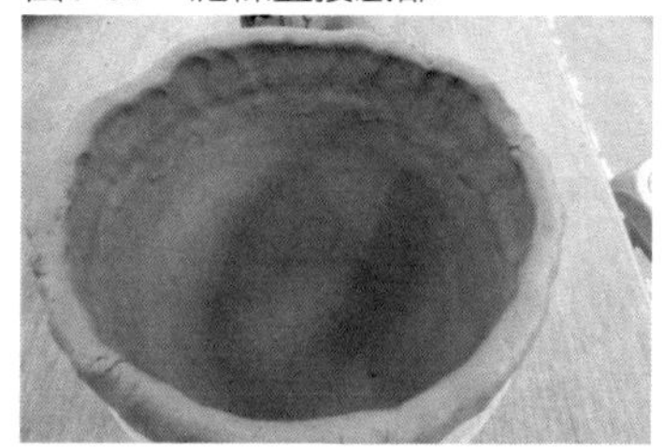

圖6-68　向上盤築

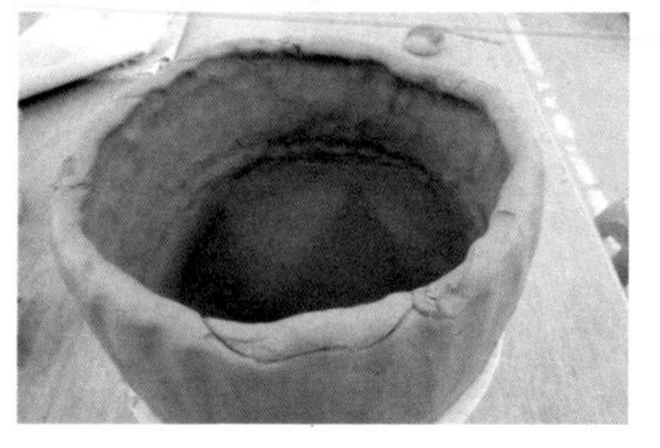

圖6-69　修整外表

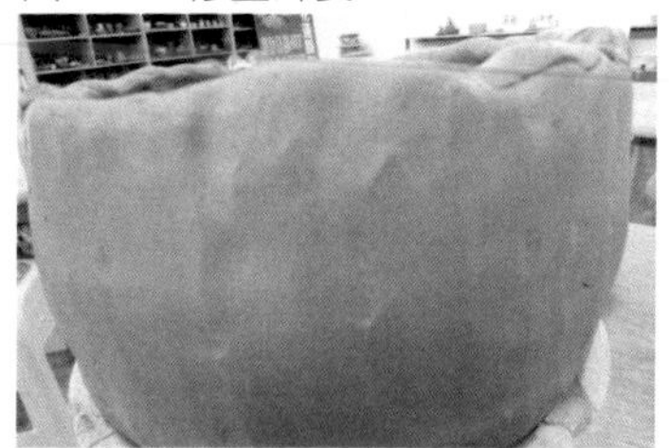

5. 坯口修平。（圖6-70）

6. 逐漸盤高。（圖6-71）

7. 隨時整型。（圖6-72）

8. 做壺口。（圖6-73）

圖6-70　坯口修平

圖6-71　逐漸盤高

圖6-72　隨時整形

圖6-73　接壺口

9. 壺口整形。（圖6-74）

10. 劃線黏貼。（圖6-75）

11. 依構思刻劃紋飾。（圖6-76）

12. 符半乾時用毛刷將毛屑刷除或打磨。（圖6-77）

泥條成形之原住民陶藝作品如下。

圖6-74　壺口整形

圖6-75　劃線黏貼

圖6-76　刻劃

圖6-77　打磨

圖6-78　陶壺（還原燒）

圖6-79　陶壺（坑燒）

圖6-80　陶壺（柴燒）

圖6-81　陶壺（柴燒）

五、陶板成形

傳統原住民陶器的製作常常使用陶板成形的方法，尤其在製作容器底部時，都是先拍成圓形土團，再次手拍打成圓形容器底部，再以泥條（板）盤築陶器上部。現代陶藝應用了太多的技法，不但使用擀麵棍，也用陶板機擀製陶板，十分方便。

（一）手工擀製陶板的步驟如圖6-82至圖6-87所示：

1. 揉成土團置於帆布上。（圖6-82）
2. 將土團先行拍扁。（圖6-83）

3. 依擀製厚度選擇木條。（圖6-84）
4. 用擀麵棍擀壓泥土。（圖6-85）
5. 注意擀製的形狀，並隨時改變方向和翻面。（圖6-86）
6. 若欲避免黏土沾黏棍上或布上，黏土上可再加蓋一層帆布，帆布若太潮溼，也要換面使用。
7. 擀壓陶板要不斷翻面和改變方向，較不易變形。（圖6-87）

圖6-82　置土

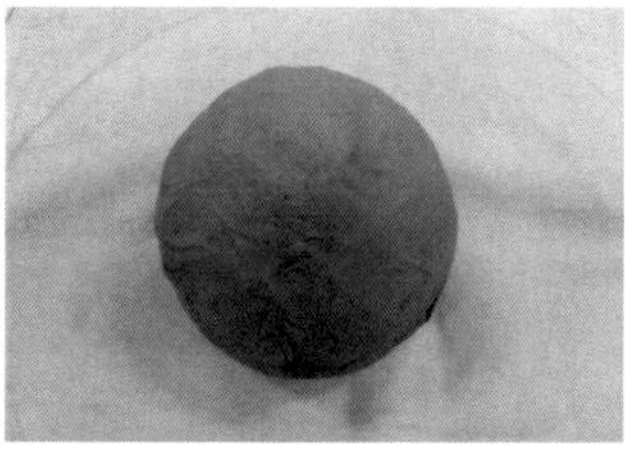

圖6-83　拍扁

圖6-84　選擇木條

圖6-85　陶板

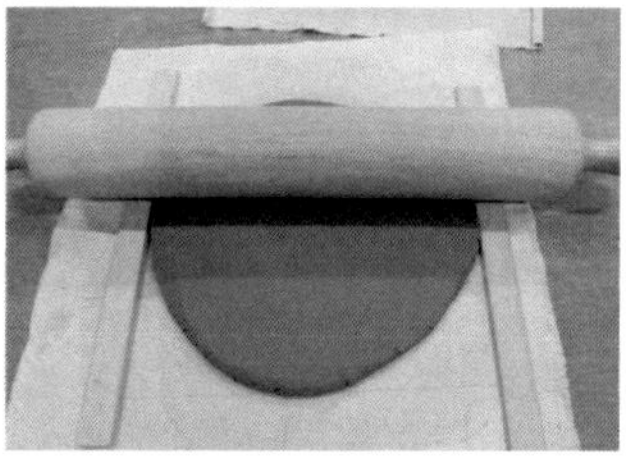

圖6-86　擀隨時翻面

圖6-87　陶板完成

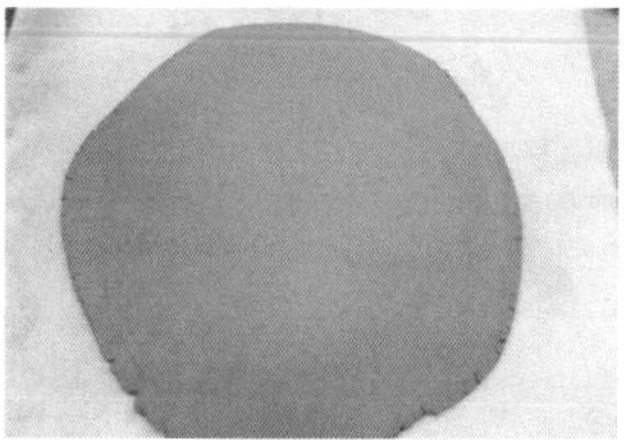

（二）陶板機擀製陶板，其步驟如圖6-88至圖6-95所示：

1. 在陶板機舖上帆布，並將土團置於帆布上。（圖6-88）
2. 先將土團拍扁。（圖6-89）
3. 上面覆蓋帆布，再蓋上機器上的覆布。（圖6-90）（圖6-91）
4. 調整滾輪高度，略低於拍扁之土片高度。（圖6-92）
5. 旋轉輪盤使滾轉向前滾過土片再滾壓回原位。（圖6-93）
6. 每次調整滾輪下降高度一圈，慢慢隨著厚度變小而只調降二分之一至三分之一圈。
7. 注意陶板要不停翻面及改變方向。（圖6-94）
8. 帆布潮溼時要換面或更換。
9. 陶板完成。（圖6-95）

圖6-88　置土

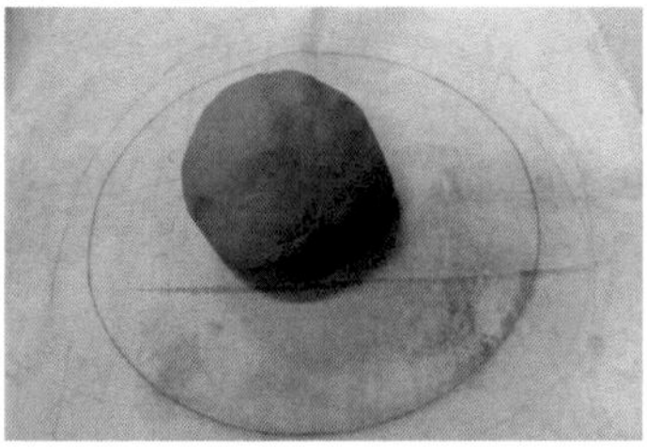

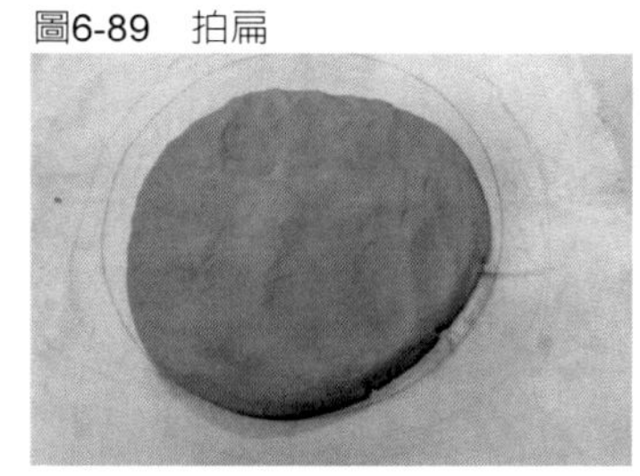

圖6-89　拍扁

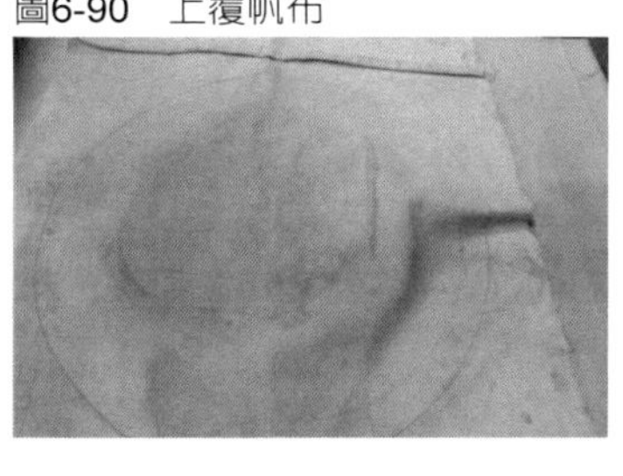

圖6-90　上覆帆布

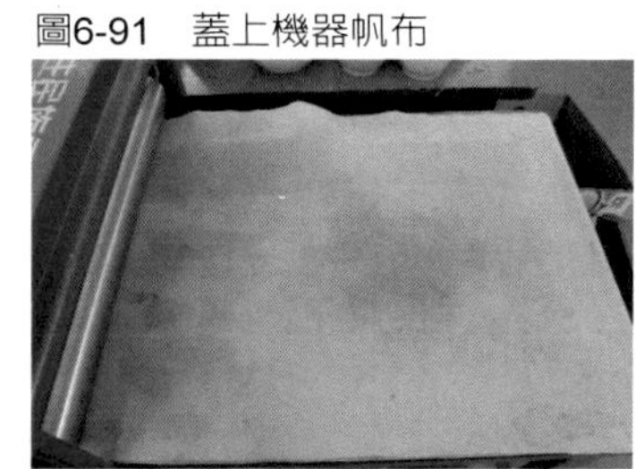

圖6-91　蓋上機器帆布

圖6-92　調整高度

圖6-93　滾壓

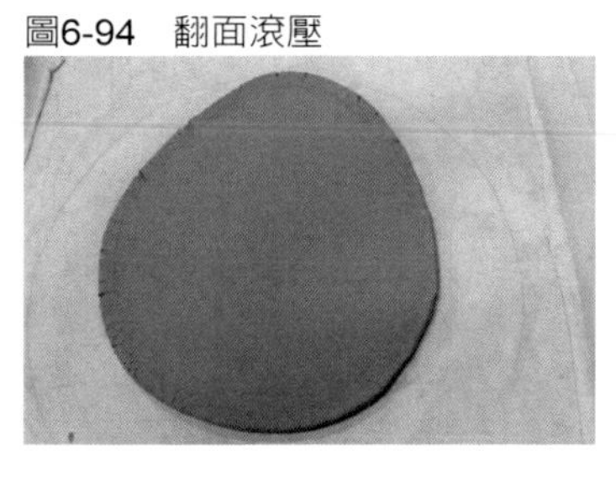

圖6-94　翻面滾壓

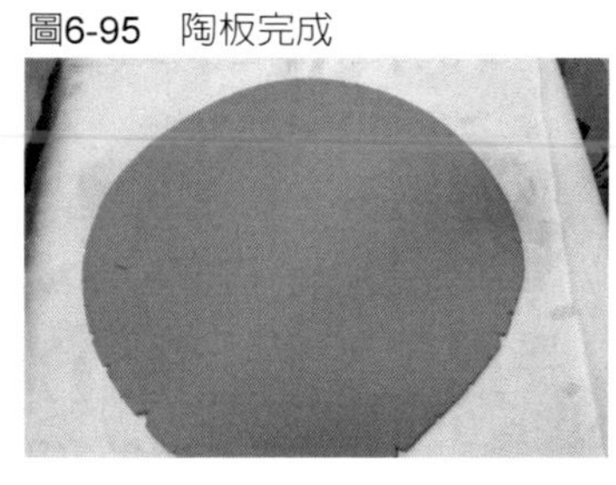

圖6-95　陶板完成

（三）製作原住民陶壺或容器底部，利用陶板成形製作原住民陶壺方法一之步驟如圖6-96至圖6-103所示：

1. 選取適用的模具（圖6-96）用圓規依所需圓形底部大小劃圓，並去掉多餘的土片。（圖6-96）（圖6-97）
2. 取陶器底部造型之模具，置於陶板中心。（圖6-98）
3. 蓋上帆布及翻轉，並置於轉盤上。（圖6-99）
4. 掀開帆布，一面旋轉一面用手輕壓，直至服貼於模具。（圖6-100）
5. 切齊口部。（圖6-101）
6. 等半乾時取出底模。（圖6-102）
7. 底部成形。（圖6-103）
8. 用泥條成形方法盤築成陶壺，並黏貼浮突物及刻劃紋飾。

圖6-96　取模具

圖6-97　陶板取圓

圖6-98　置模

圖6-99　翻轉

圖6-100　輕壓

圖6-101　切齊口部

圖6-102　取出底模

圖6-103　底部成形

（四）製作原住民陶壺或容器底部，利用陶板成形製作原住民陶壺方法二之步驟如圖6-104至圖6-111所示：

1. 壓好陶板及準備碗形模。（圖6-104）
2. 割取適當大小之圓形陶板。（圖6-105）
3. 碗形模輕輕放在陶板上，並翻轉置於轉盤上作業。（圖6-106）
4. 利用海綿轉動輕壓，完全服貼為止。（圖6-107）
5. 待底部稍乾後，可繼續用泥條盤築陶壺上半部，並隨時拍整。（圖6-108）
6. 將泥條層層上盤。（圖6-109）
7. 陶壺完成。（圖6-110）
8. 黏貼百步蛇等凸出物及刻劃。（圖6-111）

應用陶板，還可捲製成富有原住民風味的筆筒、容器、花器等生活藝術品，陶板成形之原住民陶藝作品如下：

圖6-104　擀陶板
圖6-105　取適當圓
圖6-106　放入碗形模
圖6-107　輕壓成形
圖6-108　盤高及拍盤
圖6-109　向上盤築
圖6-110　成形
圖6-111　黏貼刻劃

圖6-112　筆筒（坑燒）

圖6-113　陶飾（釉燒）

圖6-114　大陶盤（釉燒）

圖6-115　小陶舟（釉燒）

圖6-116　掛飾（釉燒）

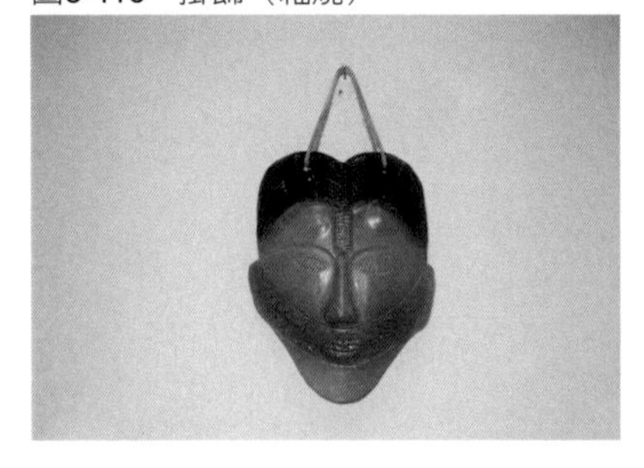

圖6-117　竹形水壺（釉燒）

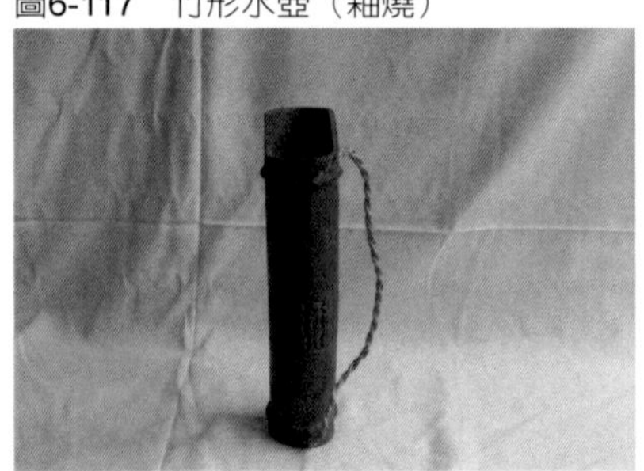

六、壓模成形

許多用來注漿的石膏模，可以拿來做壓模成形之用，反之，用來壓模用的石膏模，也可以用來注漿成形。

原住民有很多構思精美的圖騰，如果將它設計成小飾物，可以說非常獨特精美，而為了能大量印製可先行製成石膏模，然後等模子乾燥後拿來壓模，製作一些如手鐲、項鍊、耳墜等「原味」十足的小飾品。小飾物其製作方法如圖6-118至圖6-121所示：

1. 選取小飾物石膏模。（圖6-118）
2. 將黏土壓入石膏模內。（圖6-119）
3. 刮平模上多餘的黏土。（圖6-120）
4. 用空氣吹嘴輕輕將模內黏土吹起。（圖6-121）
5. 半乾時稍加修整。

圖6-118　選模

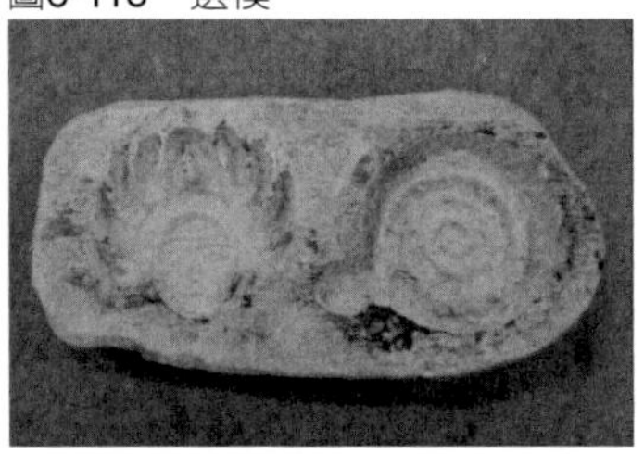

圖6-119　壓土

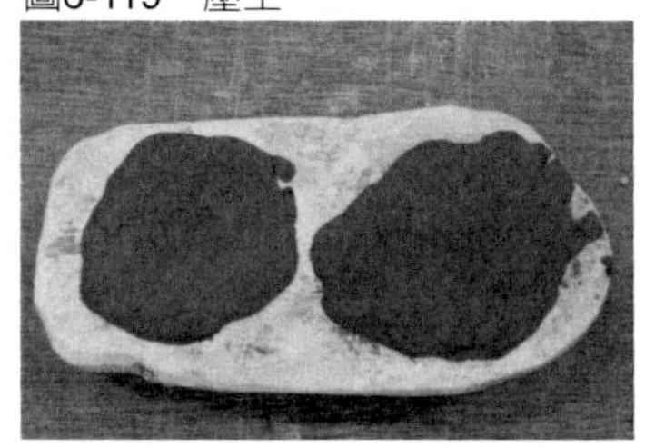

圖6-120　刮平

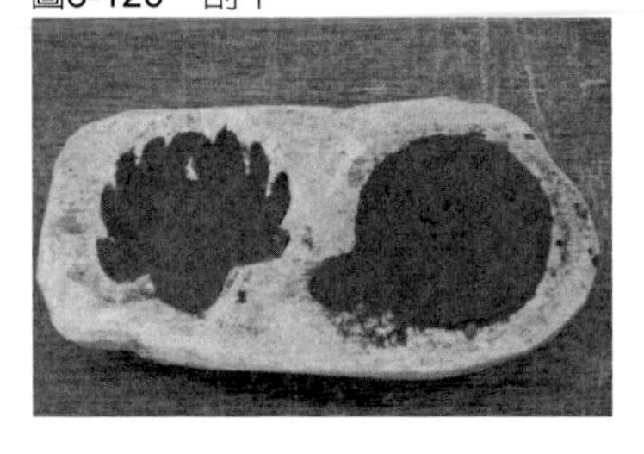

圖6-121　起模

圖6-122至圖6-129是方盤壓模成形之步驟。

1. 選取石膏模。（圖6-122）
2. 取適量陶土。（圖6-123）
3. 用手逐邊壓土。（圖6-124）
4. 將模型壓滿。（圖6-125）
5. 用鋼線割平多餘泥土。（圖6-126）
6. 用鋼尺或木條修平表面。（圖6-127）
7. 用氣槍吹模。（圖6-128）
8. 壓模成品。（圖6-129）

圖6-122　選模

圖6-123　取適量土

圖6-124　壓土

圖6-125　壓滿

圖6-126　刮平

圖6-127　修平

圖6-128　吹氣取坯

圖6-129　壓模完成

壓模成形之原住民陶藝作品：

圖6-130　方盤（釉燒）

圖6-131　陶盤（銅紅）

圖6-132　陶匙（釉燒）

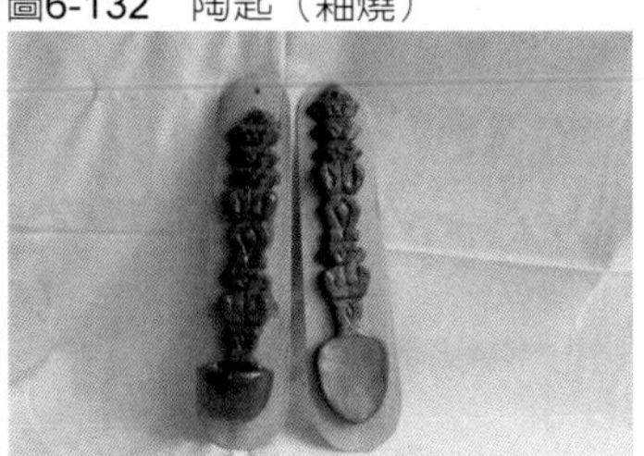

圖6-133　壁飾（古銅釉）

第三節　石膏模製作技法

壓模用石膏模製作需要專業技術，複雜的模子不一定靠自己製作，但簡單的小飾物或黏貼在陶壺上百步蛇之類的東西，都可以自行製作石膏模，製作方法也十分簡單。

小飾物之石膏模製作步驟如圖6-134至圖6-141所示。

1. 先擀小片厚度適中的陶片。（圖6-134）
2. 在陶片上構圖。（圖6-135）
3. 切割外形，待半乾再予浮雕，並保有退模斜度。（圖6-136）
4. 擀厚陶板並切成片狀。
5. 以陶片將註漿飾物圈住。（圖6-137）
6. 取適量石膏，一面加水一面調勻，不可太稀，更不可太濃。（圖6-138）
7. 將石膏倒入模型內至滿為止。（圖6-139）
8. 待石膏凝固，即可拆去陶板，並將小飾物從石膏模中挖掉。（圖6-140）
9. 將石膏模加以修整，並使之自然乾燥。（圖6-141）

圖6-134　陶板

圖6-135　畫圖形

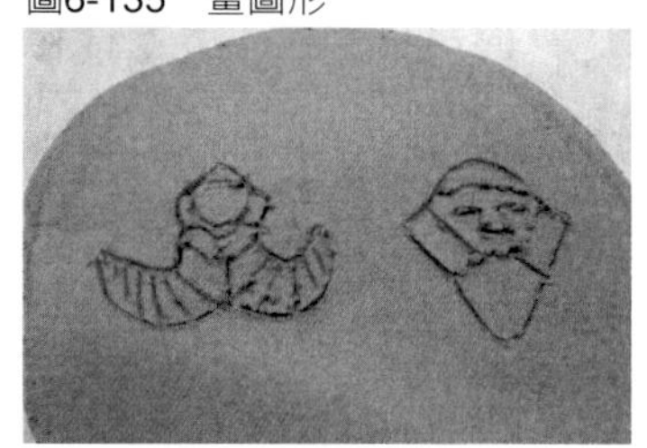

圖6-136　刻出圖形

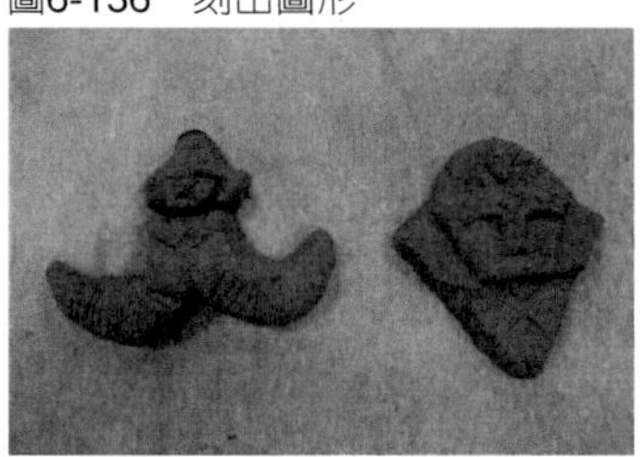

圖6-137　泥條加框

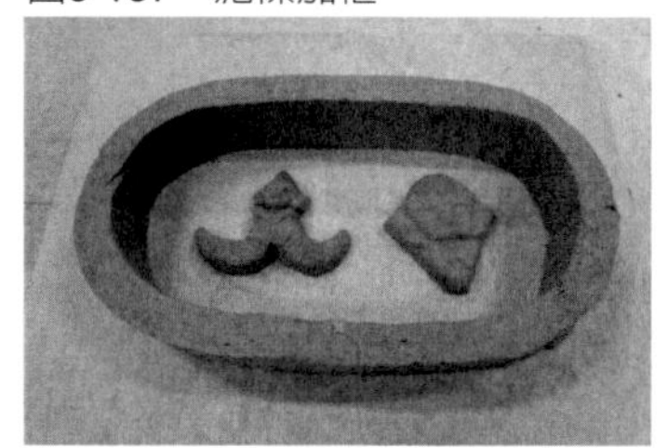

圖6-138　調石膏

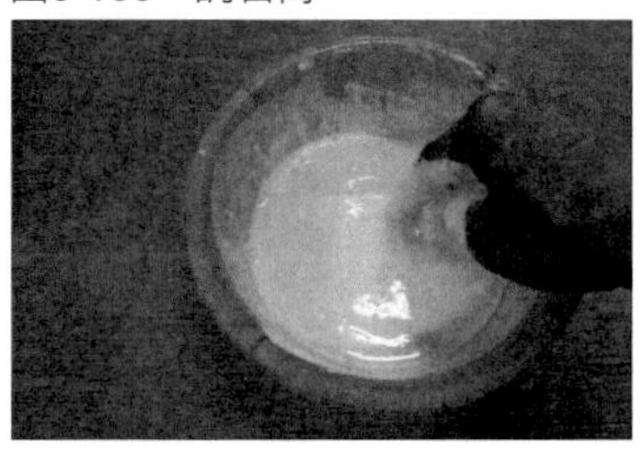

圖6-139　注入石膏

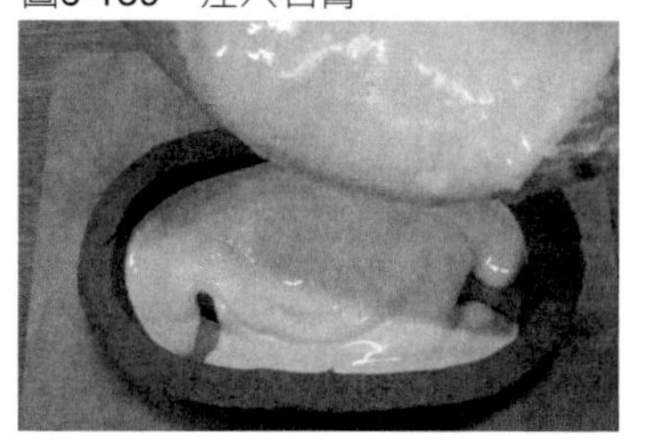

圖6-140　待硬化

圖6-141　完成取模

彩繪技術在中國傳統陶瓷工藝就常被應用，如青花、青花釉裡紅、鬥彩、粉彩、五彩、新彩等等項目繁多，如加以歸類，則可區為兩大類：釉上彩及釉下彩。

第 7 章

彩繪

彩繪技術在中國傳統陶瓷工藝就常被應用，如青花、青花釉裡紅、鬥彩、粉彩、五彩、新彩等等項目繁多，如加以歸類，則可區為兩大類：釉上彩及釉下彩。

釉下彩是使用高溫的釉下彩料在坯體上彩繪，彩繪後噴上一層透明釉高溫燒成。釉下彩最有名的是青花及青花釉裡紅，現代冶鍊技術發達，市面上已研發出許許多多的釉下彩色料（如圖7-1），可以輕易購置使用。

釉下彩是使用高溫的釉下彩料在坯體上彩繪，彩繪後噴上一層透明釉高溫燒成。釉下彩最有名的是青花及青花釉裡紅，釉上彩則是在高溫燒成的坯體上再填上低溫彩色顏料，其燒成溫度約在800℃左右，像我國的五彩、紛彩、新彩等彩繪均是

如大家熟知的器皿上金、銀色，也都是金水、銀水釉上彩繪燒成的。圖7-9就是在燒好瓷板上，再用釉上彩料彩繪燒成的。

我國傳統彩繪中的「鬥彩」，就是先作釉下青花彩繪，燒成後再在上面作低溫釉上彩繪燒成，（如圖7-10）就是原住民意味的「鬥彩」作品。

圖7-1　釉下彩料

圖7-2　釉下彩繪（一）

圖7-3　釉下彩繪（二）

圖7-4　釉下彩繪（三）

圖7-5　釉上彩

圖7-6　鬥彩

圖7-7　陶板畫

圖7-8　陶盤

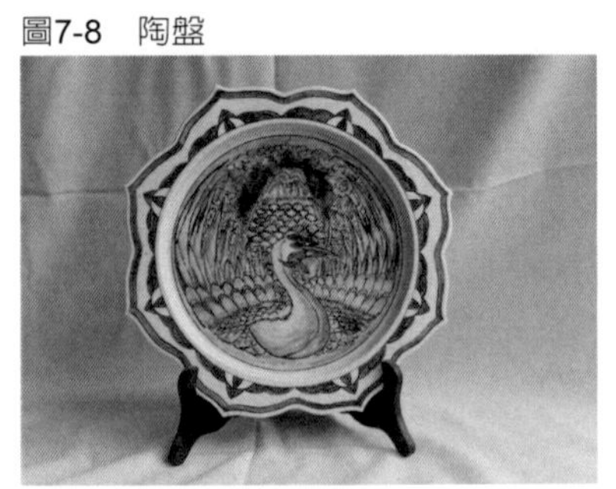

圖7-9　陶鐘

圖7-10　陶板畫

圖7-11　蓋杯

圖7-12　臉譜

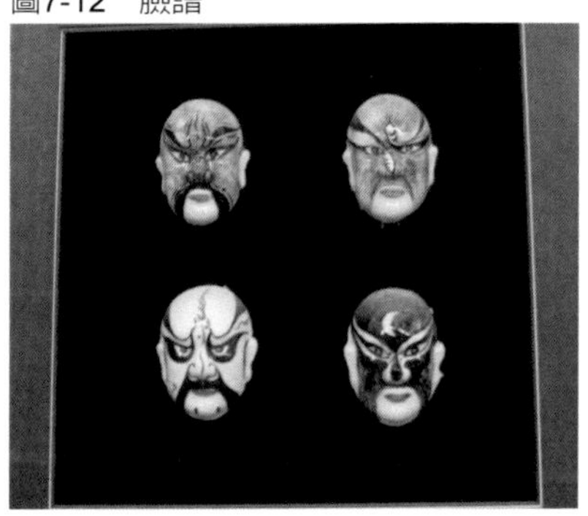

圖7-13　陶板畫

圖7-14　陶板畫

KOHAKOH
COPLAN
ALAFAGAS
ALADIWAS
ALA MAY
MAO WAY
HAMAO

排灣族之三寶其中一寶為琉璃珠，在可考的資料中，原住民並無「陶珠」出現，目前花蓮地區原住民同胞，致力於陶珠之製作與創作，有著非常不錯的成績，成品也極有特色，無形中開創了一項新產業。

第 8 章

陶飾製作

第一節　小陶飾製作

小陶飾製作方法簡單，但可以創作發揮的空間很大，茲介紹其製作步驟如下：

一、陶板小飾品製作

1. 擀出小陶片。（圖8-1）
2. 待稍乾時在陶片上畫出圖形。（圖8-2）
3. 切割外形。（圖8-3）
4. 刻割細紋及整修。（圖8-4）

圖8-1　陶片

圖8-2　畫圖形

圖8-3　切割外形

圖8-4　刻劃整形

二、小陶飾製作

1.拍出基本形狀。（圖8-5）

2.待稍乾在陶飾上畫線。（圖8-6）

3.雕刻陶飾。（圖8-7）

4.整修完成。（圖8-8）

圖8-5　拍出形狀

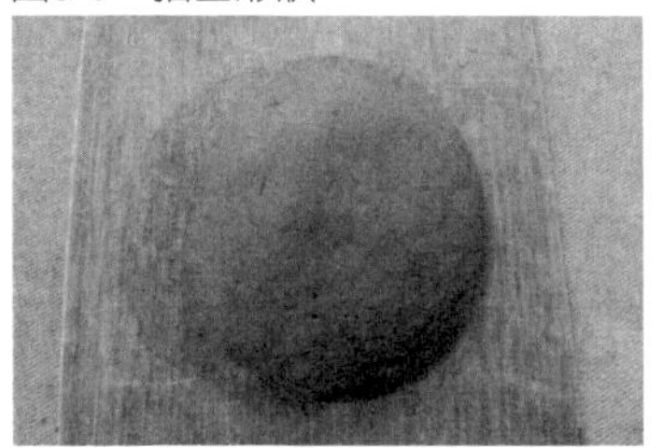

圖8-6　畫線

圖8-7　雕刻

圖8-8　整修

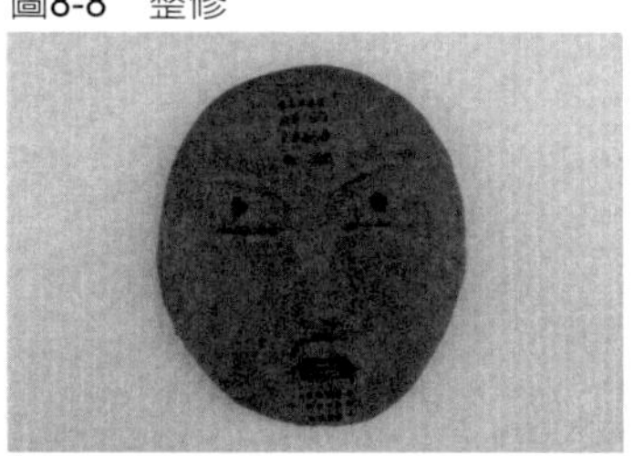

圖8-9　陶飾（一）

圖8-10　陶飾（二）

第二節　陶珠製作

原住民陶珠之製作有些特別的技巧，若不說明，很難自我摸索，尤其管珠及多色管珠的製作就需要正確的方法。

一、陶珠材料

1. 各種色土：純土自然顏色及混合色料發色劑之黏土。（圖8-11）
2. 色料：塗抹陶珠外表著色之用，市面上釉下彩料及金屬氧化物如氧化鐵、氧化鈷、氧化鉻、氧化銅、

圖8-11　色土

圖8-12　金屬氧化物

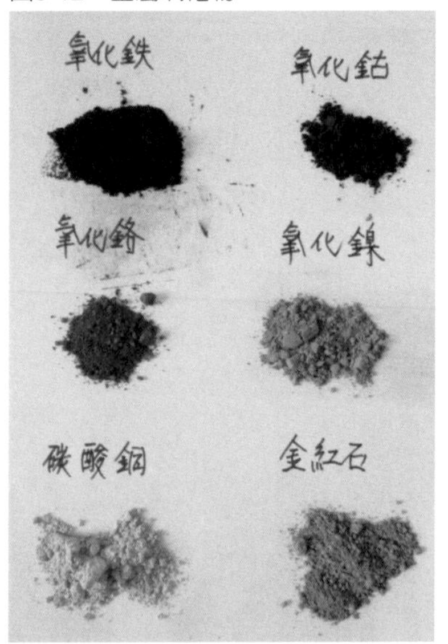

圖8-13　釉下彩

氧化鎳、氧化錳及碳酸銅等，都可以使用。（圖8-12）（圖8-13）

3. 小珠子：市售各種顏色塑膠小珠子，搭配陶珠串成可增加美感和減輕重量。（圖8-14）

4. 珠線：可採用不同顏色之珠線。（圖8-15）

圖8-14　小珠子

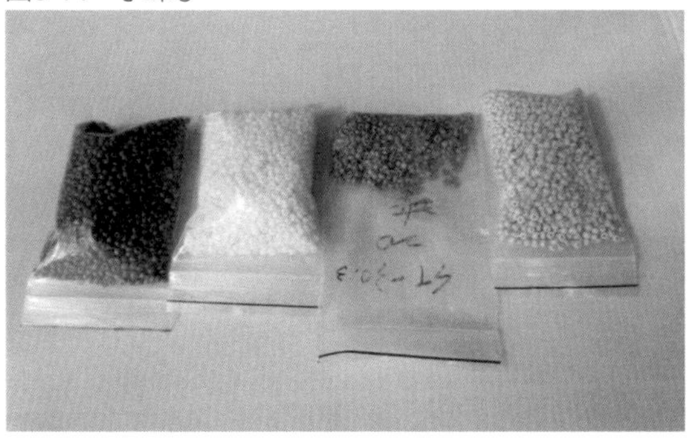

圖8-15　珠線

二、陶珠製作工具

陶珠製作的工具如圖8-16示。

1. 竹籤：須用長竹籤，捲製管珠及圓珠穿孔用。
2. 切土刀：用小鐵刀，切割土條及管珠之用。
3. 短尺：量測土條以便切割同等尺寸之土條揉成陶珠。
4. 瑪瑙刀：陶珠於半乾時，以瑪瑙刀打磨。
5. 剪刀：剪珠線用。
6. 大夾子：綁陶珠時夾線用。

圖8-16　製作工具

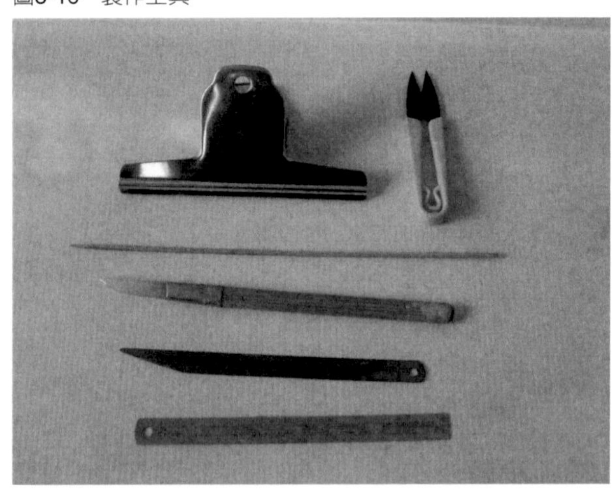

三、陶珠製作

1. 圓珠製作

（1）搓泥條：須等粗細。（圖8-17）

（2）切土塊：泥條與量尺並排，同尺寸切下土塊。（圖8-18）

（3）搓圓珠：將小土塊搓成小圓珠。（圖8-19）

（4）穿孔：將陶珠置於掌心以竹籤穿孔。（圖8-20）

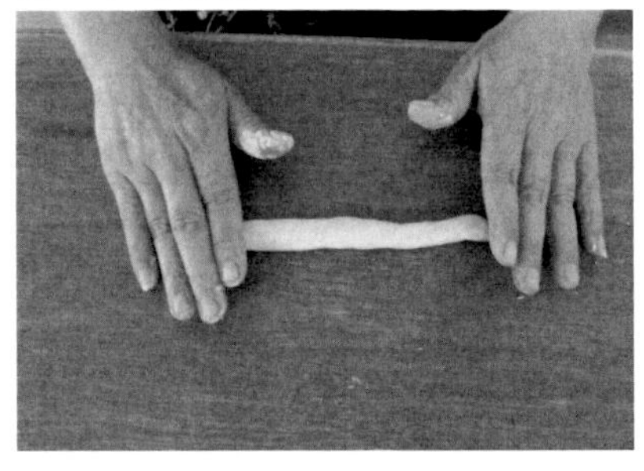
圖8-17　搓泥條

圖8-18　量切土塊

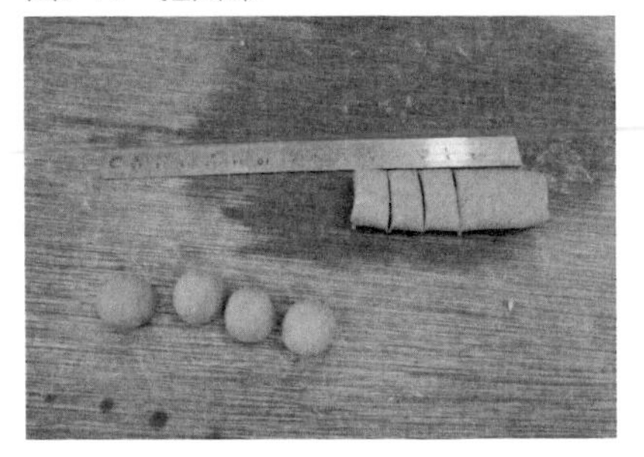
圖8-19　搓圓珠

圖8-20　穿孔

2. 管珠製作

（1）單色小管珠：先搓好細泥條，竹籤略為塗水以增加黏合度，然後用長竹籤密捲後，再滾動讓泥條密合，再依所需長度切下小管珠。（圖8-21、8-22、8-23、8-24）

（2）大管珠：先搓好稍粗泥條，再將泥條用手壓扁，然後以長竹籤將泥條捲成長管，於桌上滾實密合後，再切取所需之長度。（圖8-25、8-26、8-27）

圖8-21　搓泥條

圖8-22　捲泥條

圖8-23　滾平

圖8-24　切割

（3）多色管珠：首先分別將色土搓成細泥條，再將色泥條並排，以長竹籤捲成管狀，於桌上滾動使泥條相密合，依所需長度切割。（圖8-28、8-29、8-30）

圖8-25　泥條壓扁

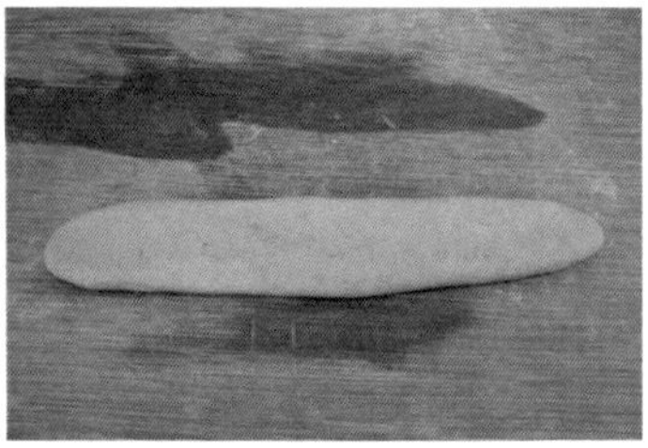

圖8-26　捲泥片

圖8-27　滾平

圖8-28　搓色土條

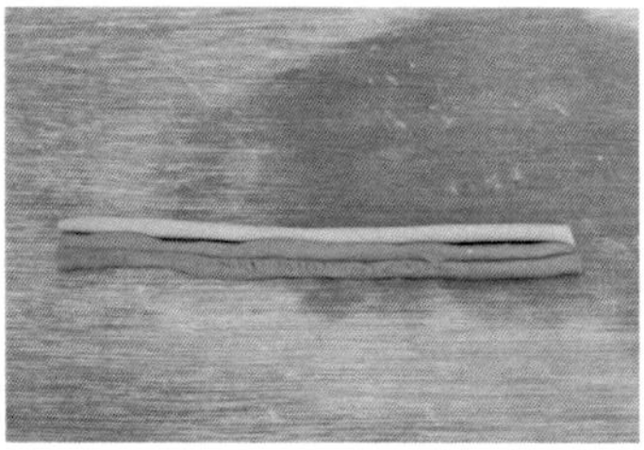

圖8-29　捲泥條

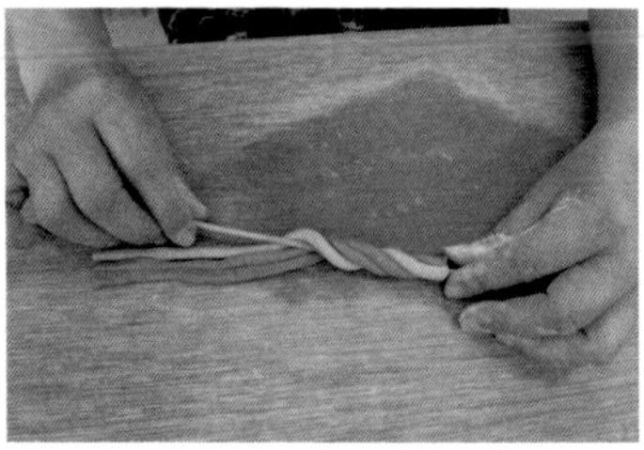

圖8-30　滾平

（4）特殊珠：可隨機運用手捏或各種技巧成形，如山豬牙、小陶壺等。（圖8-31）

3. 陶珠著色

（1）釉下彩著色：以毛筆沾調好的釉下彩塗畫在陶珠上。

（2）氧化物著色：以金屬氧化物做為著色料。（圖8-32）

4. 陶珠刻劃

為使較大陶珠更具美感或文化意涵，可加以刻劃，讓珠串更有特色。（圖8-33）

圖8-31　特殊珠

圖8-32　著色

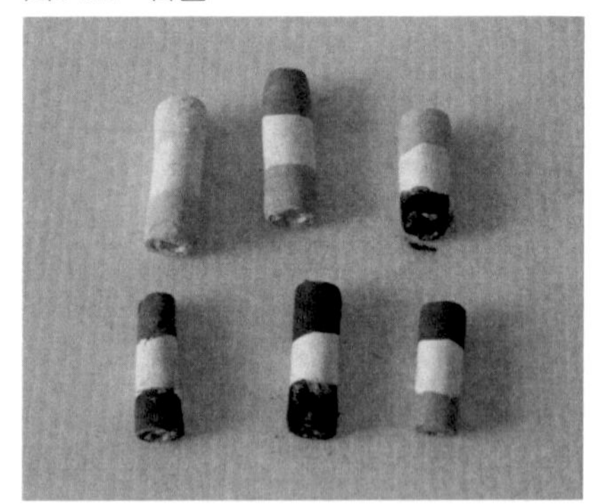

圖8-33　刻劃

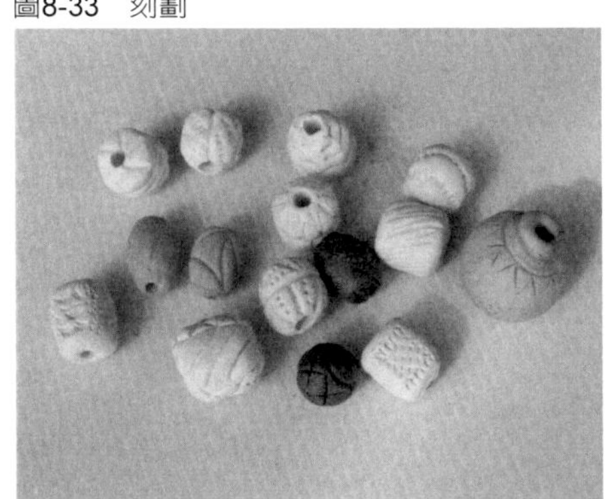

圖8-34　陶珠燒成（一）

圖8-35　陶珠燒成（二）

圖8-36　陶珠燒成（三）

四、陶珠串穿

陶珠燒成後，如何將這些五顏六色形式各異的陶珠，串穿成為有價值並具美感的珠串，是另外一項穿綁技巧，在此很難以書面及簡要陳述說得明白，可能須自己多體驗，找出理想的方法。不過，仍然要將串穿陶珠的步驟做一介紹：

1. 先綁製項鍊扣環。（圖8-37）
2. 依設計構想依序串綁小珠子及陶珠。（圖8-38）
3. 陶珠項鍊完成。（圖8-39）
4. 各式陶珠作品。（圖8-40、8-41、8-42）

圖8-37　綁扣環

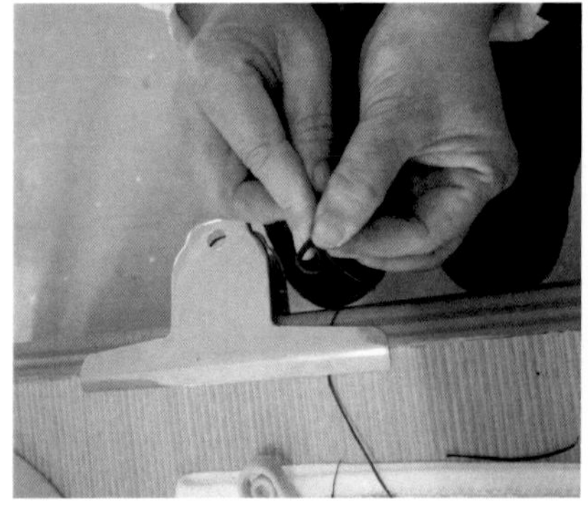

圖8-38　串穿陶珠

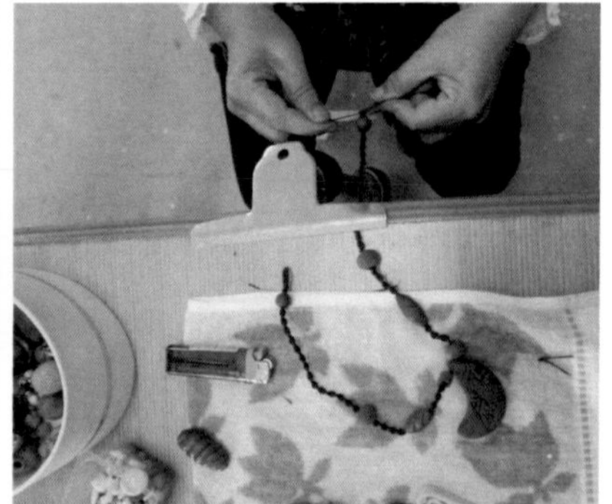

圖8-39　作品完成

圖8-40　陶珠作品（一）

圖8-41　陶珠作品（二）

圖8-42　陶珠作品（三）

陶藝作品完成後，若欲完全表達作品的意境，重要關鍵即在作品之燒成。如燒成方式不正確或效果不佳，則作品也隨之失色。現代陶藝燒成方法已十分多元，作者可依作品特性自由選擇，或經由多方嘗試累積經驗，必能得心應手。

第9章

現代原住民陶藝之燒成

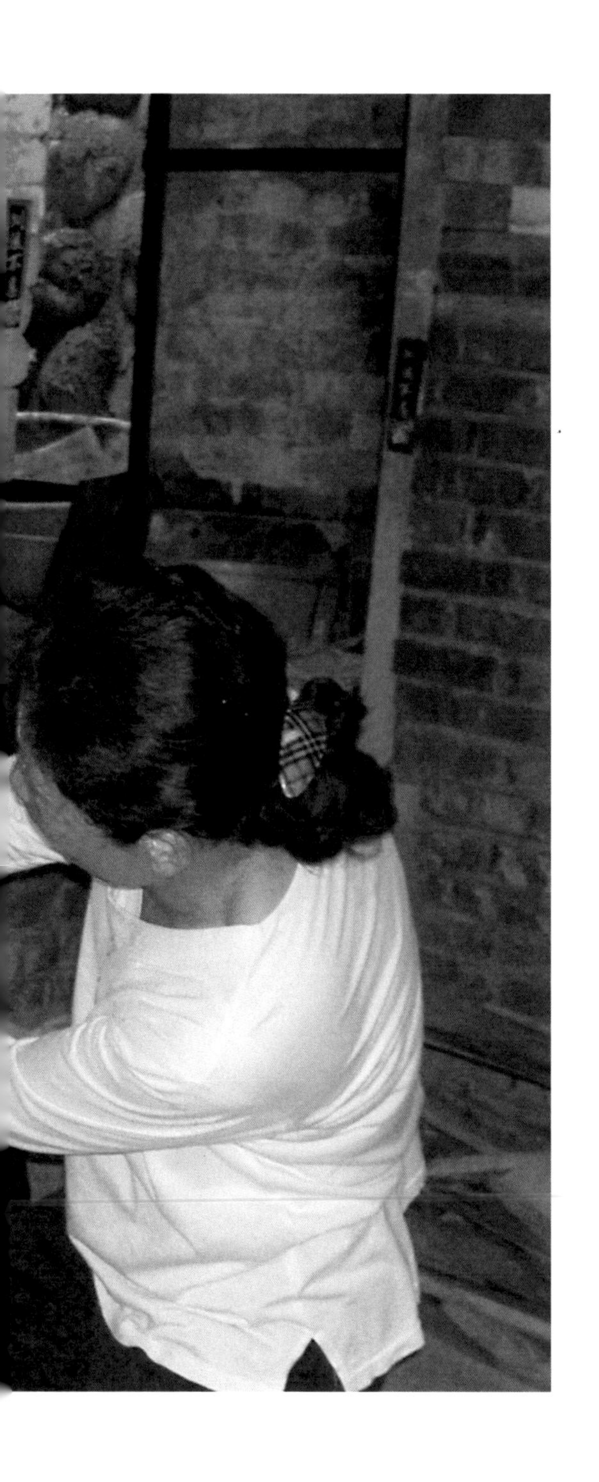

第一節　炭燒

1. 炭燒可以在野外或任何地方就能實施，其步驟如下：
2. 先將大桶及小罐打洞。（圖9-1）（圖9-2）
3. 將打了許多小洞的空桶置於石塊上。（圖9-3）
4. 取打好洞的空奶粉罐，放入欲燒的小件坯體。（圖9-4）
5. 作品罐放入空桶內，蓋上蓋子，但不要全蓋。（圖9-5）
6. 在空桶內開始放置木炭（圖9-6），並蓋上桶蓋。（圖9-7）
7. 下面引柴燒火，使木炭亦著火燃燒。（圖9-8）
8. 木炭燒盡，便可取出燒成作品。（圖9-9）

圖9-1　大桶打洞

圖9-2　小罐打洞

圖9-3　置桶於石塊上

圖9-4　放入小件坯體

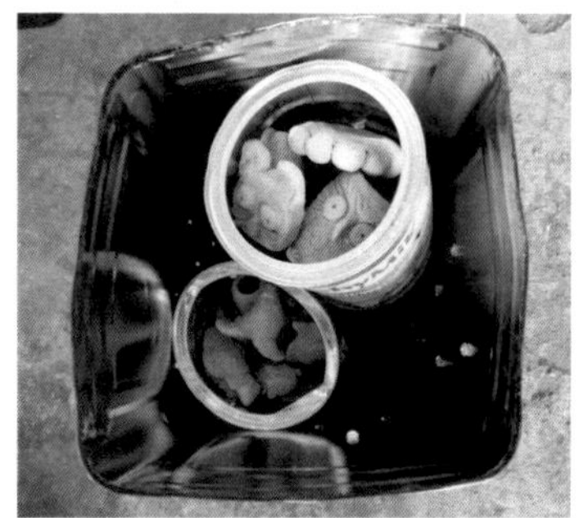

圖9-5　蓋上罐蓋

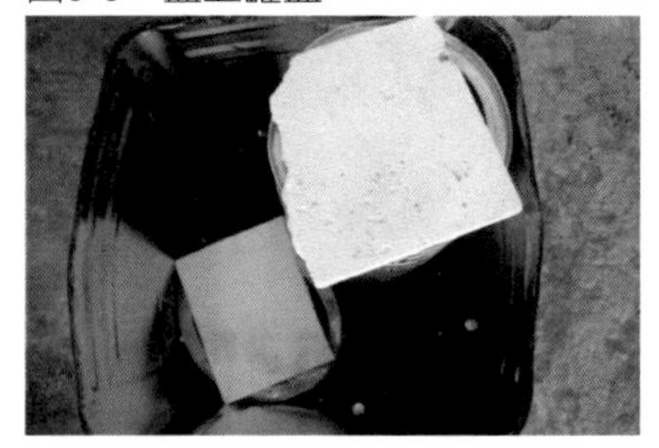

圖9-6　堆放木柴

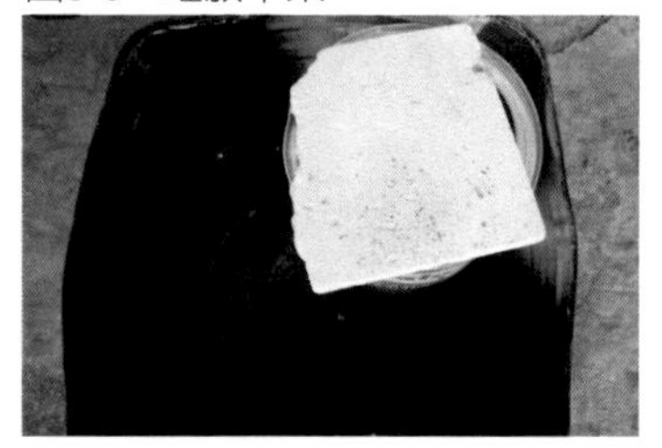

圖9-7　蓋上桶蓋

圖9-8　點火燃燒

圖9-9　取出作品

第二節　坑燒

坑燒就是在地上挖一個大坑洞，而以木柴或木炭等燃料來燃燒，配合坑內的添加物，或灑鹽等動作，讓作品產生一些異想不到的效果，並且也甚有野趣。坑燒的形式不一，均可自由想像發揮，就舉一實例分解其步驟：

1. 先在地上挖一坑洞，大小參考作品數量決定，坑洞向風一邊略挖成斜形。（圖9-10）
2. 坑內先丟入木柴、廢報紙、果皮、蔗皮、破布、木屑、木炭等雜物及燃燒物。（圖9-11）
3. 排放作品，考慮作品之疊置以減少破損，另外，作品如果先行素燒，則坑燒進行較快，作品也較不會因升溫過快破裂。（圖9-12）
4. 舖好作品，最後再堆放木炭及木柴、木塊等燃料。（圖9-13）
5. 點火燃燒。（圖9-14）
6. 等燃燒接近完成，可灑上粗鹽，粗鹽會在坯體上產生一些異樣的色澤。（圖9-15）
7. 利用鐵皮覆蓋坑洞口，使其燜燒及慢慢降溫。（圖9-16）
8. 等溫度退去後，便可掀起鐵皮取出作品。（圖9-17）

9. 在500℃左右高溫時，也可夾出作品，丟入放有報紙、木屑等物的鐵桶內，蓋上桶蓋使其還原燻黑。（圖9-18）（圖9-19）

圖9-10　挖坑

圖9-11　鋪底層

圖9-12　掛放作品

圖9-13　覆柴

圖9-14　點火燃燒

圖9-15　灑鹽

圖9-16　覆蓋燜燒

圖9-17　完成

圖9-18　夾取作品

圖9-19　丟入桶中還原

第三節　燻燒

燻燒的手法非常多，任何可以產生黑煙的地方，以及使氧氣不足燒成的方法，都可以達到燻燒的目的。原住民陶藝很多人就是喜歡燻黑那個味道，所以也要介紹一些燻燒的方法。

一、鐵桶燻燒

小鐵桶放入報紙、木屑然後點火燃燒，再噴些水氣或丟入溼木屑，就會燃燒不良而燜燒，這時將作品放入桶內，蓋上桶蓋，就能達到燻燒的效果（圖9-20）。亦可在升溫或退溫至500℃左右時，將坯體從窯內夾出，投入放有廢紙、木屑鐵桶內，自會引燃火焰，再蓋上桶蓋便可燜燒還原。（圖9-21）

圖9-20

圖9-21

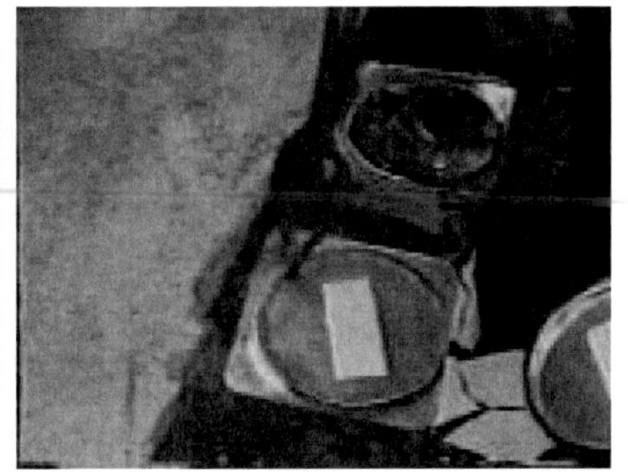

二、大鐵桶燻燒

1. 取大鐵筒，底部開一長方形燃柴口。（圖9-22）
2. 桶內先放置木塊或木炭及木屑。（圖9-23）
3. 用報紙引火燃燒。（圖9-24）
4. 放上有很多小孔的鐵皮隔板，隔板下由支架撐住。（圖9-25）
5. 將欲燻燒作品堆放在隔板上。（圖9-26）
6. 蓋上桶蓋，使煙氣不易外洩。（圖9-27）
7. 調整鐵桶燃柴口大小，以控制火勢不要太大，只要能燃燒，又能產生濃煙的效果便行。（圖9-28）
8. 隨時添加木柴，及丟入溼木屑、溼稻殼，以使燜燒效果更好。（圖9-29）
9. 隨時察看燻燒效果，以決定是否繼續燻燒，燻燒時間愈長，吸附的煙油愈多，效果愈好。（圖9-30）
10. 取出作品擦拭，並用布打磨光亮。（圖9-31）

圖9-22 大鐵桶

圖9-23 置底柴

圖9-24 點燃

圖9-25 放置隔板

圖9-26 置坯

圖9-27 蓋上桶蓋

圖9-29 使用各種燻燒效果

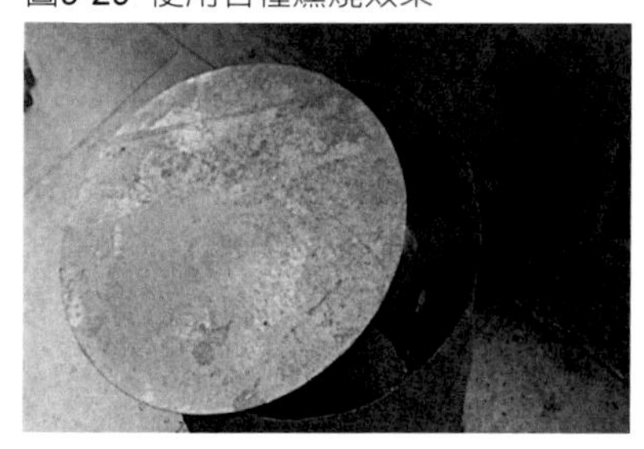

圖9-30 觀察燻效

圖9-31 燻後打磨

三、電窯燻燒

（一）樟腦丸燻燒

在電窯燒至某一溫度時，投入某些物質或噴些水氣均可獲得燻燒的效果，但有些方式會損及電窯壽命，就盡量不採用。注意產生廢氣可能具有毒性，應保持通風，人員盡快離開現場。利用樟腦丸燻燒的步驟是：

1. 將素燒過的坯體放入電窯。（圖9-32）
2. 快速升溫至500℃左右，或素燒完成降溫至500℃左右時，從電窯上蓋孔投入樟腦丸，數量多少不一定，看電窯大小，以30公分大小電窯，投入10粒左右就夠了。（圖9-33）
3. 投入樟腦丸後產生黑煙廢氣，趕快用墊片等將上孔蓋住。（圖9-34）
4. 自然降溫，取出作品。（圖9-35）

（二）電窯木炭燻燒

木炭燻燒的方法，可以在包裹的內容上做些變化而產生一些特別的效果，是在工作室相當方便實用的方式之一。其步驟如下：

1. 舖好鋁箔紙，並先放些木炭、稻殼、木屑之類物質。（圖9-36）
2. 放上已素燒之燻燒作品。（圖9-37）

圖9-32　置坯

圖9-33　投入樟腦丸

圖9-34　蓋上孔

圖9-35　成品

圖9-36　放木屑木炭

圖9-37　放素燒坯

3. 包裹作品，並一面添加木炭、木屑等物。（圖9-38）
4. 須將作品包裹緊密。（圖9-39）
5. 將包好作品放入窯內。（圖9-40）
6. 將電窯溫度設定在500℃至550℃間，然後可快速升溫，自然降溫即可，到達某一溫度，木炭不再燃燒，就可取出作品。（圖9-41）

四、電窯高溫炭燒

一般燻燒作品都未達熟成溫度，為要求高溫燻燒效果，可採用高溫炭燒的方法達成。高溫炭燒工作可和釉燒同時進行。

圖9-38　繼續加炭

圖9-39　包緊

圖9-40　放入窯內

圖9-41　成品

高溫炭燒的步驟如下：

1. 選取匣缽或一般拉坯成形陶罐。（圖9-42）
2. 堆入木塊或木炭，中間堆放炭燒作品。（圖9-43）
3. 陶罐裝滿。（圖9-44）
4. 陶罐口緣舖上耐火綿。（圖9-45）
5. 蓋上蓋板。（圖9-46）
6. 放入電窯。（圖9-47）
7. 可和電窯釉燒作品併燒。
8. 高溫炭燒之作品已達熟成程度。

圖9-42　選罐

圖9-43　堆木炭・作品

圖9-44　裝滿

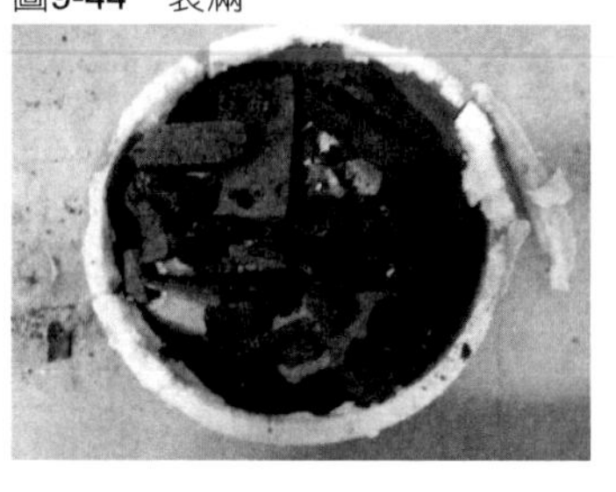

圖9-45　舖耐火綿

圖9-46　蓋上板

圖9-47　放入電窯

圖9-48　炭燒作品（一）

圖9-49　炭燒作品（二）

圖9-50　炭燒作品（三）

圖9-51　炭燒作品（四）

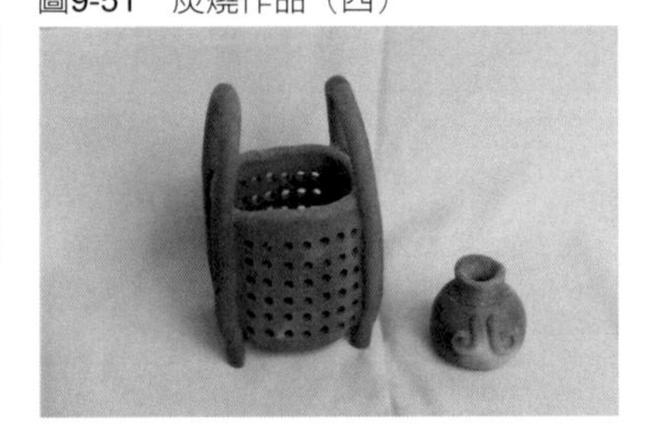

圖9-52　炭燒作品（五）

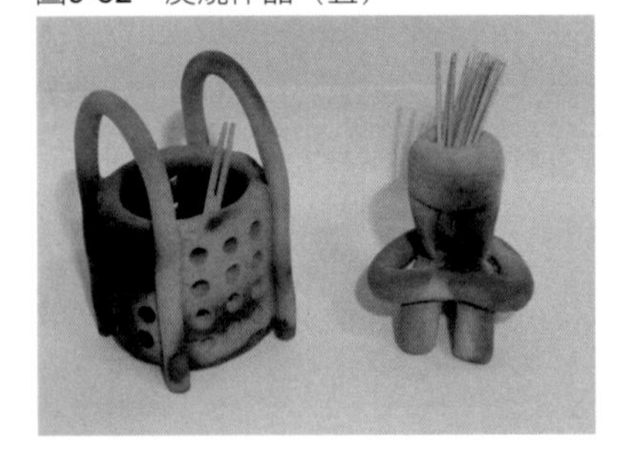

圖9-53　炭燒作品（六）

第四節　樂燒

樂燒即快樂燒成之意，是一種可以搬動組合的窯爐。（圖9-54）

樂燒窯是利用瓦斯做燃料，適合在室外做燒窯活動的工具，它的燒成溫度約在900℃至1000℃左右，而且快速升溫，所以坯體最好使用熟料土製作以避免升溫太快而爆裂。

另外，有樂燒用的低溫釉，可以增加作品色彩，也可準備小鐵桶，放入木屑廢紙，以產生還原作用。

圖9-54　樂燒窯

樂燒之步驟如下：

1. 舖設窯爐座。（圖9-55）
2. 放入瓦斯火嘴。（圖9-56）
3. 堆放作品。（圖9-57）
4. 放上耐火綿壁。（圖9-58）
5. 蓋上蓋子點火燒窯。（圖9-59）
6. 旁邊準備還原用鐵桶，內放木屑、廢紙等。
   （圖9-60）
7. 約一小時半達到900℃左右時掀開綿壁。（圖9-61）
8. 夾出作品投入鐵桶並蓋上桶蓋還原燜燒。
   （圖9-62）

圖9-55　舖窯座

圖9-56　放火嘴

圖9-57　堆放作品

圖9-58　套上火綿壁

圖9-59　蓋上蓋點火燃燒

圖9-60　準備鐵桶

圖9-61　掀開綿壁

圖9-62　夾出作品投入鐵桶

第五節　高溫釉燒

原住民陶藝也可以噴上釉葯高溫燒成，如此可更美觀實用。

一、釉葯的種類

釉葯是一種熔解成玻璃狀的矽酸混合物被膜，覆蓋在陶瓷器的表面可防止液體滲透，美觀光滑，強化器物等許多優點。

釉葯的分類方法很多，大致說明如下：

以燒成溫度分類：

高溫釉：燒成溫度約在1200℃以上。

中溫釉：燒成溫度約在1100℃～1200℃。

低溫釉：燒成溫度約在1000℃左右。

以原料組成分類：

長石釉：石灰釉、鋅釉、鋇釉、鎂釉等。

灰　釉：土灰、木灰、草灰等。

以發色劑分類：

鐵釉：青瓷、天目、茶葉末、鐵紅、油滴等。

銅釉：銅紅、銅綠釉等。

鈷藍釉。

鉻、錳等其他色釉。

以釉的色系分類：

紅色釉、綠色釉、藍色釉、白色釉、黃色釉、紫色釉、黑色釉、褐色釉等。

以燒成方式分類：

氧化釉。

還原釉：青瓷、銅紅等。

鹽釉。

樂燒釉。

依燒成後的光澤分類：

透明釉。

乳濁釉。

失透釉。

無光釉。

結晶釉。

二、釉藥的調製

選擇配方：依前面提示各種分類，選擇不同的釉藥使用，有很多商家已經提供各種調製完成的釉藥可直接購買使用，否則就要取得各種釉藥的配方自行調配。

1. 依配方重量百分比秤量組成原料及發色劑。（圖9-63）
2. 置入瓷桶內，並加入適量的水。
3. 放在磨釉機上研磨，時間至少二小時以上。（圖9-64）
4. 將磨好釉藥過40～80目篩網後儲存備用。

三、施釉的方法

施釉可在土坯上直接施釉，但經素燒後的坯體，其吸水性更強，也較不會破損。施釉方法有：
1. 浸釉：將坯體直接浸入釉桶後取出。
2. 淋釉：一手持坯體，一手持釉勺澆淋。
3. 噴釉：利用空氣噴槍來噴釉，可獲得較均勻的表面。

圖9-63　釉原料

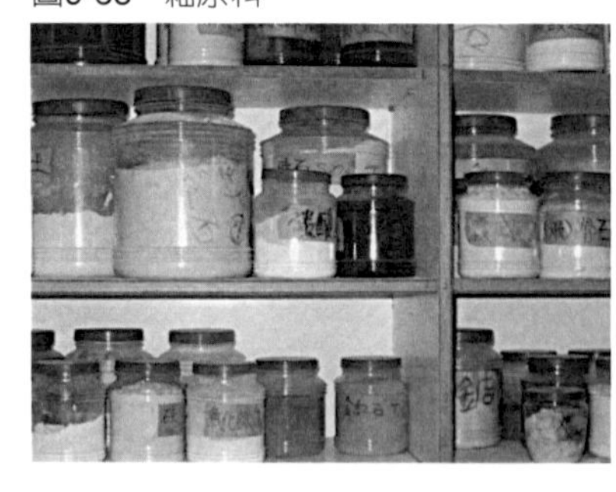

圖9-64　磨釉

四、燒成方法

※氧化燒成：不同的釉葯有不同的燒成溫度和燒程，所以不同性質的作品須分開燒窯，燒窯技術不在此詳加敘述，可參考窯爐說明書或其他書籍資料獲得相關知識技術，窯爐的操作也要多加使用體會，自會熟練自如。通常以電窯做氧化燒成。

※還原燒成：如青瓷、銅紅等釉葯須還原氣氛之下才能燒成，還原燒成須使用瓦斯窯，並在950℃左右做還原動作，整個燒程及氣氛、壓力控制十分複雜，須作深入研究及專人指導。

第六節　柴（窯）燒

中國歷代陶瓷必須仰賴柴窯燒，在全國各地，大大小小窯場甚多，較有名者有五：鈞窯、汝窯、官窯、哥窯、定窯。柴窯顧名思義，即以木材做為燃料，木材不同，所燒製的成品也不會相同，而且落灰會沾染作品，所以古代柴燒還須以匣缽保護坯體不受落灰影響。

柴（窯）燒是一門極深的學問，窯的大小，結構都具不同燒窯技術。今日電窯、瓦斯窯普及，甚少人還利用柴窯燒製名貴瓷器，但是，迷你小窯卻如雨後春筍般不斷增設，很多個人工作室便自己擁有一座小窯，在陶藝世界中自由揮灑，創造出會令人驚嘆的陶藝作品，但絕不是古代的那些名瓷。

柴燒應用在現代陶藝上別有一番韻味，應用在原住民陶藝上也十分出色，所以，建議許多屬於觀賞性的原住民陶藝，可以利用柴窯燒成。柴窯燒成技術層次較高，以下只簡單介紹燒窯步驟：

1. 選定柴窯。（圖9-65）
2. 疊窯。（圖9-66）
3. 封窯、點火。（圖9-67）
4. 燜燒。（圖9-68）
5. 溫燒。（圖9-69）
6. 攻火。（圖9-70）

圖9-65　選定柴窯

圖9-66　疊窯

圖9-67　封窯點火

圖68　燜燒

圖9-69　溫燒

圖9-70　攻火

7. 做還原。（圖9-71）

8. 封窯。（圖9-72）

9. 側面投炭。（圖9-73）

10. 燒窯完成，至少兩天以上。（圖9-74）

11. 退溫，取出作品。（圖9-75）

12. 燒成作品。（圖9-76）

圖9-71　做還原

圖9-72　封窯

圖9-73　側面投炭

圖9-74　燒窯完成

圖9-75　退溫取出作品

圖9-76　燒成作品

柴燒作品有它獨特的美感，因落灰、火痕形成的不同模樣，常令辛苦燒窯的人，興奮得忘記勞累。

以下介紹一些原住民陶藝的柴燒作品：

圖9-77　陶壺

圖9-78　小茶壺

圖9-79　茶罐

圖9-80　小陶壺

圖9-81　陶偶

圖9-82　陶偶

原住民陶藝若要闖出一片天，必須與生活相結合。原住民生活陶十分獨特討喜，都是以新材料、新技術來完成的，在陶藝領域絕對可佔一席之地。

第10章 現代原住民陶藝之應用

第一節　實用器皿

原住民陶藝若要闖出一片天地，必須與生活結合，原住民生活陶也比一般生活陶更具品味。

帶有原住民風味甚至造形之器皿，十分獨特和討喜，都是以新材料、新技術來完成的，在陶藝領域絕對可占一席之地。以下舉出多種實用器皿創作以供參考：

圖10-1　陶鍋（一）

圖10-2　大盤

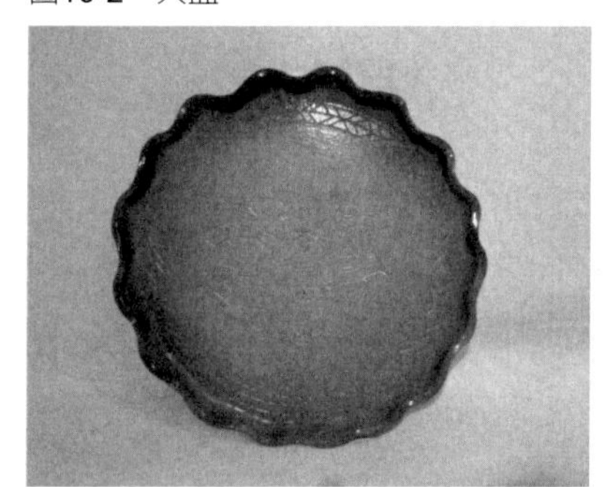

圖10-3　陶鍋（二）

圖10-4　小方盤

圖10-5　小器皿

圖10-6　大碗

圖10-7　小舟

圖10-8　茶杯組

圖10-9　小陶甑

圖10-10　茶具組

圖10-11　臼器組

圖10-12　小茶罐

第二節　生活陶

生活陶或觀賞陶，若融入原味，則容易與一般生活陶區隔，而且更具文化魅力，以下介紹具有原住民風味的陶藝作品，供大家參考：

圖10-13　名片架

圖10-14　花瓶

圖10-15　小背籃

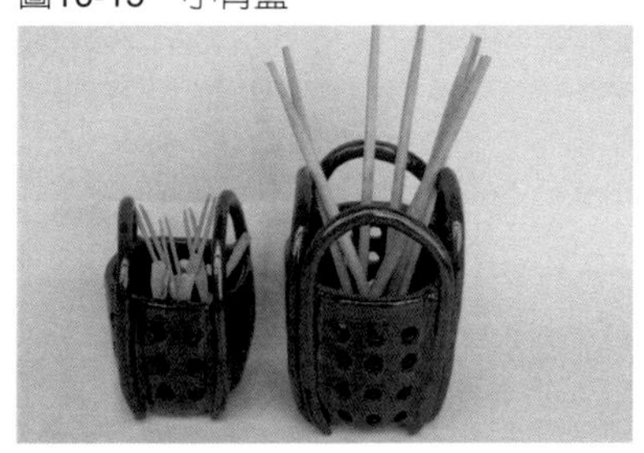

圖10-16　薰香爐

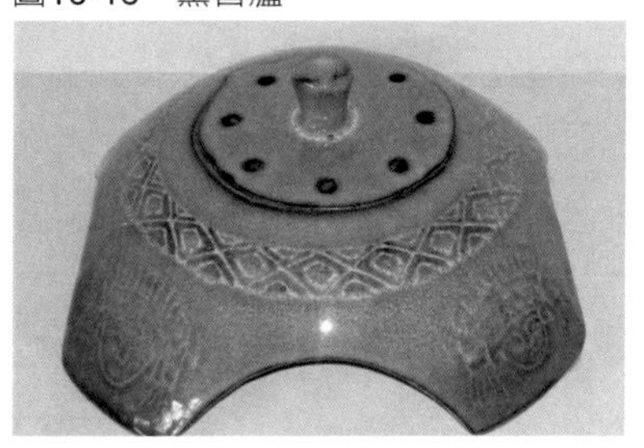

圖10-17　陶壺

圖10-18　陶燈

本章介紹作者從事原住民陶藝創作的部分作品，採用了不同的素材、不同的題材、不同的技法表現以及不同的燒成手法，讓原住民陶藝更有變化、更具美感和更加實用，對原住民陶藝有興趣的朋友，可以有更多的想像和選擇，締造原住民陶藝新視界。

第11章

原住民陶藝創作剪輯

圖11-1　陶舟
陶板成形・瓷土・彩繪
1230°C燒成

圖11-2　圓滿缸
拉坯成形・瓷土
1250°C還原燒（銅紅）

圖11-3　陶壺組
注漿成形・陶土
1230°C柴燒

圖11-4　羊角人偶
壓模成形・陶土
1230°C釉燒

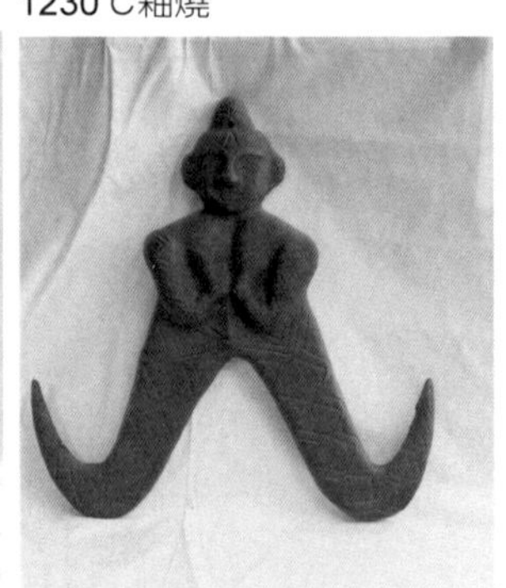

圖11-5　陶壺
拉坯成形・瓷土
1250°C還原燒（青瓷）

圖11-6　雙層罐
拉坯成形・瓷土
1250°C還原燒（青瓷）

圖11-7　瓷瓶
拉坯成形・瓷土
1250°C還原燒（青瓷）

圖11-8　長頸瓶
拉坯成形・瓷土
1250°C還原燒（銅紅）

圖11-9　陶壺
拉坯成形・耐熱土
1230°C燒成

圖11-10　陶壺
拉坯成形・陶土
1230℃釉燒

圖11-11　陶壺
拉坯成形・瓷土
1230℃釉燒

圖11-12　陶罐
拉坯成形・瓷土
1230℃釉燒

圖11-13　雅美圓盤
壓模成形・陶土
1230℃釉燒

圖11-14　大圓盤
拉坯成形・瓷土
1230℃釉燒

圖11-15　陶壺
拉坯成形・瓷土
1230℃釉燒

圖11-16　大茶壺
注漿成形・陶土
1230℃釉燒

圖11-20　茶葉罐
拉坯成形・瓷土
1230℃ 釉燒

圖11-18　大陶匙
壓模成形・陶土
1230℃釉燒

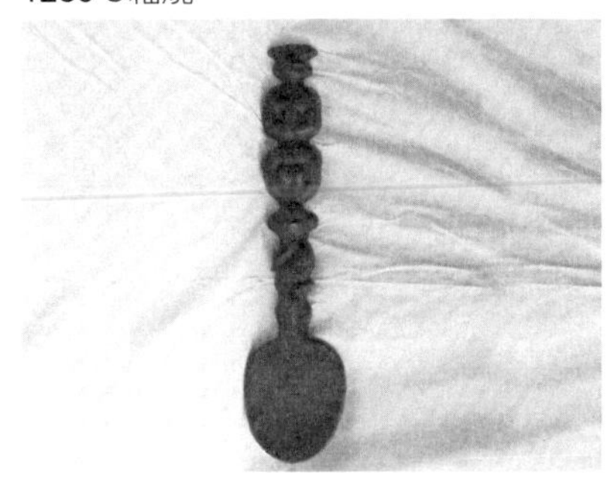

圖11-19　彩畫
瓷板・彩繪
1200℃燒成

圖11-20　彩畫
瓷板・彩繪
1200℃燒成

圖11-21　小陶飾
壓模成形・半瓷土
1230℃炭燒

圖11-22　圓盤
拉坯成形・瓷土
1230℃釉燒

圖11-23　陶瓶組
拉坯成形・半瓷土
1230˚C柴窯燒成

圖11-24　陶壺組
拉坯成形・半瓷土
1230˚C柴窯燒成

圖11-25　糖果罐
拉坯成形・瓷土
1230˚ C燒成

圖11-26　陶鍋
拉坯成形・瓷土
1230˚ C燒成

圖11-27　鏤空陶壺
注漿成形・瓷土
1250˚ C還原燒

圖11-28　長頸花器
拉坯成形・瓷土
1250˚ C還原燒

參考文獻

高業榮	1998	台灣原住民藝術
	台北	台灣東華書局
劉其偉	1997	台灣原住民文化藝術
	台北	雄獅圖書公司
簡扶育	1998	搖滾祖靈
		——台灣原住民藝術家群像
	台北	藝術家出版社
陳奇祿	1996	台灣排灣群諸族木雕標本圖錄
	台北	南天書局
李亦園	1999	台灣土著民族的社會與文化
	台北	聯經出版公司
黃應貴	1998	台灣土著社會文化研究論文集
	台北	聯經出版公司
洪英聖	1994	台灣先住民腳印
	台北	時報出版公司
呂理政	1997	卑南遺址與卑南文化
	台東	國立史前文化博物館
許坤信	1991	山地陶
		教育部技職司及台灣省政府教育廳
楊文霓	1993	陶藝手冊
	台北	藝術家出版社
曾明男	1993	現代陶
	台北	藝術圖書公司
李良仁	1998	雕塑技法
	台北	藝風堂出版社
謝志賢	1994	工藝材料—陶瓷
	台北	正文書局
陶青山	1995	陶藝的傳統技法
	台北	武陵出版社
陶青山	1998	陶藝燒繪入門
	台北	武陵出版社
陳雨嵐	2004	台灣的原住民
	台北	遠足文化公司
鈴木質	1998	台灣蕃人風俗錄
	台北	武陵出版社
王嵩山	2001	台灣原住民的社會與文化
	台北	聯經出版社
許雅芬等	2002	與山海共舞原住民
	台北	秋雨文化公司
詹素娟等	2001	台灣原住民
	台北	遠流出版社
笠原政治	1999	台灣原住民族映像
	台北	南天書局
楊維富／何瑤如	1992	陶藝釉彩技法
	台北	南天書局

新銳藝術4　PH0087

新銳文創
INDEPENDENT & UNIQUE

原住民陶藝輕鬆學

作　　者　陳春芳
責任編輯　蔡曉雯
圖文排版　郭雅雯
封面設計　陳佩蓉

出版策劃　新銳文創
發 行 人　宋政坤
法律顧問　毛國樑　律師
製作發行　秀威資訊科技股份有限公司
114 台北市內湖區瑞光路76巷65號1樓
電話：+886-2-2796-3638　傳真：+886-2-2796-1377
服務信箱：service@showwe.com.tw
http://www.showwe.com.tw
郵政劃撥　19563868　戶名：秀威資訊科技股份有限公司
展售門市　國家書店【松江門市】
104 台北市中山區松江路209號1樓
電話：+886-2-2518-0207　傳真：+886-2-2518-0778
網路訂購　秀威網路書店：http://www.bodbooks.com.tw
國家網路書店：http://www.govbooks.com.tw

出版日期　2012年11月　初版
定　　價　640元

Printed in Taiwan

國家圖書館出版品預行編目

原住民陶藝輕鬆學 / 陳春芳著. -- 初版. -- 臺北市：新銳文創, 2012.11

面； 公分. --（新銳藝術 ; PH0087）

ISBN 978-986-5915-16-2（平裝）

1.陶瓷工藝 2.陶器

464.1 101017942

讀者回函卡

感謝您購買本書，為提升服務品質，請填妥以下資料，將讀者回函卡直接寄回或傳真本公司，收到您的寶貴意見後，我們會收藏記錄及檢討，謝謝！
如您需要了解本公司最新出版書目、購書優惠或企劃活動，歡迎您上網查詢或下載相關資料：http:// www.showwe.com.tw

您購買的書名：________________________________

出生日期：________年________月________日

學歷：□高中（含）以下　□大專　□研究所（含）以上

職業：□製造業　□金融業　□資訊業　□軍警　□傳播業　□自由業
　　　□服務業　□公務員　□教職　□學生　□家管　□其它_____

購書地點：□網路書店　□實體書店　□書展　□郵購　□贈閱　□其他

您從何得知本書的消息？

□網路書店　□實體書店　□網路搜尋　□電子報　□書訊　□雜誌
□傳播媒體　□親友推薦　□網站推薦　□部落格　□其他__________

您對本書的評價：（請填代號　1.非常滿意　2.滿意　3.尚可　4.再改進）

封面設計____　版面編排____　內容____　文／譯筆____　價格____

讀完書後您覺得：

□很有收穫　□有收穫　□收穫不多　□沒收穫

對我們的建議：________________________________

____

____

____

請貼
郵票

11466
台北市內湖區瑞光路 76 巷 65 號 1 樓

秀威資訊科技股份有限公司 收

BOD 數位出版事業部

(請沿線對折寄回，謝謝！)

姓　　名：________________　年齡：________　性別：□女　□男

郵遞區號：□□□□□

地　　址：____

聯絡電話：(日) ____________________ (夜) ____________________

E-mail：____